Integrale
Infrastrukturplanung

Springer

*Berlin
Heidelberg
New York
Barcelona
Budapest
Hongkong
London
Mailand
Paris
Santa Clara
Singapur
Tokio*

Amir Ghahremani

unter Mitwirkung von
Degenhard Sommer und Stefan Kammerer

Integrale Infrastrukturplanung

Facility Management und Prozeßmanagement in Unternehmensinfrastrukturen

Mit 24 Abbildungen

Springer

Amir Ghahremani
Dr.-Ing.
Facility Manager, Deutsche Bank AG, Zentrale
Frankfurt am Main

Degenhard Sommer
Dr.-Ing.
Professor für Industriebau,
Technische Universität Wien,
Freiberuflicher Architekt
Karlsruhe – Wien

Stefan Kammerer
Dipl. Betriebswirt
Produktmanager für Neue Medien
Karlsruhe

ISBN-13:978-3-642-71983-7   e-ISBN-13:978-3-642-71982-0
DOI: 10.1007/ 978-3-642-71982-0

Die Deutsche Bibliothek - CIP-Einheitsaufnahme
Ghahremani, Amir: Integrale Infrastrukturplanung : Facility Management und Prozeßmanagement in Unternehmensinfrastrukturen / Amir Ghahremani. - Berlin ; Heidelberg ; New York ; Barcelona ; Budapest ; Hongkong ; London ; Mailand ; Paris ; Santa Clara ; Singapur ; Tokio : Springer, 1998
ISBN-13:978-3-642-71983-7

Einbandgestaltung: de' blik, Berlin
Datenkonvertierung, Layout und Umbruch: Klaus-Peter Hellweg, Stuttgart
SPIN: 10643313   7/3020 - 5 4 3 2 1 0 - Gedruckt auf säurefreies Papier

A Zusammenfassung

Integrale Infrastrukturplanung –
Prozeßmanagement der Infrastrukturen

Dieses Buch befaßt sich mit der prozeßorientierten Reorganisation und Optimierung bestehender baulicher Infrastrukturen von Unternehmen. Hauptaugenmerk wird auf *Organisatorische Innovationen* als wichtiges Kriterium für unternehmerische Erneuerungsbestrebungen gelegt, welche durch die rezessive Konjunkturentwicklung der letzten Jahre sowie den wachsenden Konkurrenzdruck durch die Globalisierung der Märkte erforderlich wurden.

Jede dieser organisatorischen Innovationen bzw. dynamischen Organisationsprozesse initiiert bauliche Veränderungen entsprechend den Prämissen der geforderten Transparenz und Kommunikationsverbesserung. Die bauliche Reorganisation bildet die Grundlage für eine optimale Zielfindung der Geschäftsprozesse und somit der Gewinnsteigerung und Kostensenkung, die wichtige Unternehmensziele darstellen.

Die Arbeit weist auf eine neue Art von Bauprozessen hin, die durch eine starke Affinität von wirtschaftlichen, sozialen und technologischen Einflußfaktoren bestimmt werden. Im weiteren wird modellhaft dargelegt, inwiefern die Immobilie bzw. ihre Reorganisation sowie ihre prozeßorientierte, strategische Nutzung als ausschlaggebende und wertschöpfende Erfolgsfaktoren agieren. Der Umgang mit der Immobilie bildet den Ansatzpunkt für den Erfolgsfaktor, an dem der Planer und Ingenieur anknüpft. Sein Aufgabenbereich definiert sich nicht nur durch reine Planung und Umsetzung von unternehmerischen Vorgaben, er wird vielmehr gefordert, sein Gesichtsfeld um wesentliche Faktoren im

Bereich des betriebswirtschaftlichen Bauens zu erweitern. Diese Faktoren rekrutieren sich aus bewährten Methoden des modernen Managements, der Kenntnis der verschiedenen Organisationsformen und deren sinnvollem Einsatz bzw. Nutzung sowie der Aufdeckung und der Systematisierung der betrieblichen Informationssysteme.

Ein Großteil dieser Erkenntnisse wurde in den USA schon vor einigen Jahren verwertet und mittels integrativer strategischer Ansätze wie des Corporate Real Estate Management umgesetzt. Dieser Ansatz konzentriert sich auf die wirtschaftliche sinnvolle Verwaltung der Vermögenswerte der Immobilien sowie deren Wertsteigerung. Ferner kommt in den USA das strategische Facility Management zum Einsatz, welches das gewinnorientierte Betreiben, Verwalten und Vermieten von Immobilien beinhaltet.

Zwangsläufig muß das vorliegende Buch das Augenmerk auf die Praxis bzw. die Realisierung des Facility Managements in Deutschland richten. Auch hier existieren verschiedene Bemühungen, den Begriff des Facility Managements mit Inhalt zu füllen, die jedoch – trotz einiger operativer Ansätze – nach wie vor ein Vakuum hinterlassen. Sie finden hauptsächlich Umsetzung in technisch orientierten Dienstleistungen wie dem Betreiben, Warten und Instandhalten von Immobilien, mit dem Ziel ihrer Optimierung und der Kostenreduktion, wobei eine ganzheitliche Betrachtungsweise vernachlässigt wird.

AN DIESER STELLE SETZT DAS THEMA DES BUCHES AN: Die Ambivalenz zwischen den genannten Ansätzen und der Erkenntnis, daß ein Unternehmen seine – teilweise brachliegenden – Immobilien wertschöpfend einsetzen kann, ist eine der Hauptgrundlagen und bildet hier einen Ansatz. Die Konzentration auf die Kerngeschäfte in den Unternehmen sowie die Verbesserung der Geschäftsprozesse in allen Unternehmenseinheiten führt zwangsläufig zur Reorganisation traditioneller Bau- und Liegenschaftsabteilungen in selbständige eigenverantwortliche Immobiliengesellschaften, die sich fortan als prozeß- und schließlich gewinnorientiertes Dienstleistungsunternehmen verstehen.

Der zentrale Punkt der Untersuchung ist die Entwicklung des Modells der *Integralen Infrastrukturplanung*, welches in einem ersten Schritt den Weg der Reorganisation einer Liegenschaftsabteilung zur selbständigen Immobilienunternehmung zeigt. Im zweiten Schritt werden anhand eines fiktiven Beispiels die Aufgabenbereiche der neuen Immobiliengesellschaft anschaulich dargestellt. Grundlage für die Entwicklung des Modells waren – neben einer umfangreichen Literaturrecherche – die praxisnahe selbständige Tätigkeit in verschiedenen Industrieunternehmen und die damit verbundenen Interviews sowie die Analyse der vorhandenen Ansätze, Facility Management in deutschen Unternehmen nutzbar zu machen.

In diesem Zusammenhang wird unter *Infrastrukturen* der organisatorische und wirtschaftliche Unterbau einer hochentwickelten Anlage (Liegenschaft, Gebäude und technische Anlage) verstanden. Voraussetzung für einen Wandel in der Immobilienbetrachtung ist die Identifikation der Kernprozesse der Unternehmung, gefolgt von einer vernetzten Prozeßgestaltung der immobilienrelevanten Prozesse über den gesamten Lebenszyklus der Infrastrukturen.

Die *Integrale Infrastrukturplanung* unterstützt unternehmenspolitische und strategische Ziele (z.B. Kostensenkung und Ertragssteigerung des Immobilienbestandes, mit Hilfe der vorhandenen Ressourcen). Hierbei bildet sie eine Synergie aus organisatorischen, wirtschaftlichen, technologischen und baulichen Prozessen für einen maximalen Zielerreichungsgrad. Streng nach der Maxime „Structure follows Process follows Strategy" stellen die Prozesse ein wesentliches Instrumentarium zur Realisierung der Strategie dar, genauso wie das entwickelte Modell der Integralen Infrastrukturplanung als Leitfaden eingesetzt werden kann, um Immobilien wertschöpfend zu reorganisieren.

Inhaltsverzeichnis

V Vorwort

Die rezessive Konjunkturentwicklung der vergangenen Jahre rang der deutschen Industrie einen gewissen Handlungsbedarf ab, unter dem die Verantwortlichen vornehmlich Rationalisierungsmaßnahmen verstanden und somit oftmals am Kern des Problems vorbeisteuerten. Es ist nur natürlich, daß infolge dessen Ruhestandsregelung und Outsourcing zu Unworten avancierten.

Die Notwendigkeit eines integrativen Konzepts aufgrund des schnellen organisatorischen Wandels in den Unternehmen fordert Reformbewegungen in den Unternehmen sowohl im Umweltbewußtsein als auch auf den Märkten. Diese führen schließlich zu der Erkenntnis, eine Werterhaltung und eine Wertsteigerung in den Infrastrukturen (Liegenschaften, Gebäude und Anlagen) zu garantieren. Die Globalisierung der Kapitalmärkte verlangt zunehmend eine Konzentration auf das eigene Kerngeschäft. Der zwingende Anlaß, sich dieses Themenbereichs anzunehmen, ist offensichtlich. Es ist notwendig, neue Wege in der Entscheidungsfindung des operativen Managements – bei der Immobilienverantwortung – in Hinblick auf Investitionsentscheidungen und Ressourcenallokationen zu finden.

Die zur Zeit geführten leidvollen Diskussionen über immer neue Management-Theorien, insbesondere über das Facility Management, führen in den Unternehmen zu einer starken Verunsicherung. Der Markt ist derzeit von einem Überangebot an Leistungen ähnlicher Art und Weise zu diesem Thema geprägt.

Hoffnungsvoll soll dieses Buch einen Beitrag zu einem integrativen Konzept der Integralen Infrastrukturplanung liefern. In einem praxisorientierten Modell werden organisatorische, wirtschaftliche, technologische sowie bauliche Anforderungen zur wertsteigernden Reorganisation bestehender Infrastrukturen vorgestellt.

Das Buch basiert auf der am Institut für Industriebau der TU Wien entstandenen Dissertation, als Fortsetzung einer Reihe von Themenschwerpunkten wie: Integrierte Gesamtplanung, Systemplanung, Mensch im Mittelpunkt – Wertewandel in der Gesellschaft, Auswirkung eines verstärkten internationalen Wettbewerbs (Lean Company, Global Players usw.) sowie Sensibilisierung für das Bauen in Entwicklungsländern und Gestaltungsaufgaben.

Bei all diesen Arbeiten wurde immer wieder versucht, Trends frühzeitig zu erkennen, ihren Einfluß auf unser Arbeitsgebiet zunächst zu erahnen, mögliche Synergieeffekte zu nutzen und somit neue Planungsinstrumente dafür zu erarbeiten sowie durch frühzeitige Informations- und Problemzuführung die Beteiligten zu befähigen, konstruktiv und kontrovers an der Lösung zu arbeiten.

Wir können den Markt bzw. die Entwicklung nur durch mehr Wissen überzeugen und beeinflussen. Mehr Wissen bedeutet, zumindest in unserer Zivilisation, auch mehr Verantwortung zu übernehmen. Es ist sicher schwer, immer eine Rangordnung von Zielen und deren gewünschte Transitivität vorzugeben. Leichtfertig wäre es jedoch, nur monetäre Ziele vorzugeben und dabei zu vergessen, daß es unsere Aufgabe ist, unter Schonung aller Ressourcen der europäischen Gesellschaft, die Erhaltung ihres Lebensmodells zu ermöglichen.

Es geht um die Rangordnung der Ziele und die Weiterentwicklung unserer Wertmaßstäbe, um richtige Entscheidungen fällen zu können. So ist auch dieses Modell einer strategisch integralen Infrastrukturplanung ein Hilfsmittel, um diese ganzheitliche Aufgabenstellung einer Lösung zuzuführen.

Degenhard Sommer

Einleitung

Jede wettbewerbsabhängige Reorganisationsmaß-
nahme in modernen Unternehmen führt in der Regel
zu baulichen Veränderungen: Wege müssen verkürzt
und Kommunikation verbessert werden; die Kundenzufriedenheit, ob in Dienstleistungs-, Handels-
oder Industrieunternehmen wird zum strategischen
Erfolgsfaktor. Grundlegende Voraussetzung hierfür
sind dynamische Organisationsprozesse. In den meisten Fällen werden hierzu generalistische Fähigkeiten verlangt, die in einer Person nicht zu integrieren
sind. Es bedarf einer Teamlösung, die im Gesamten
diese vom Markt gestellten Anforderungen in sich
vereinigt. Jedoch werden die baulichen Gegebenheiten der meisten Unternehmen diesen künftigen
teamorientierten „Kommunikationszentren" nicht
gerecht, hierfür muß Raum geschaffen werden. Ein
weiterer Schritt ist die notwendige Anpassung einer
adäquaten Organisationsform.

Da sich Lebenszyklen der Produkte mehr und mehr
verkürzen, der Markt sich mit enormer Geschwindigkeit verändert, verlangen zukünftige Projekte, Produkte und Dienstleistungen von Anfang an dynamische Organisationsformen, um nicht direkt von
„Question marks" zu „Poor dogs" zu degenerieren
(s. Abb. 1). Hierfür ist die Entwicklung eines alternativen Modells erforderlich. Das in diesem Buch vorgestellte Modell benenne ich „Integrale Infrastrukturplanung". Es zeigt Reorganisationsmaßnahmen aus
dem Blickwinkel des Nutzens und der Wertsteige-
rungsfähigkeit von Immobilien in Unternehmen.
Hierbei müssen alle notwendigen, vorhandenen Teilprozesse in Unternehmen untersucht werden, um eine

Marktwachstum

Fragezeichen	Stars
Arme Hunde	Cash Cows

Marktanteil

Abb. 1 Marktportfolio (Quelle: In Anlehnung an Boston Consulting Group)

effiziente Wertsteigerung durch kontinuierliche Verbesserung zu erzielen.

> **!** **DER BEGRIFF DER INFRASTRUKTUR** *Infrastrukturen sind der organisatorische und wirtschaftliche Unterbau einer hochentwickelten Anlage (Liegenschaft, Gebäude und technische Anlage).*

Zu den Infrastrukturen zählt man die

1. organisatorische Infrastruktur (z. B. Informationsbeschaffung, Logistik und Verwaltung),

2. wirtschaftliche Infrastruktur (z. B. Controlling)

3. technologische Infrastruktur (z. B. Technische Versorgung, Verkehrsnetze sowie Informations- und Kommunikationstechniken/-Netzwerke),

4. bauliche Infrastruktur (z. B. Liegenschaften, Gebäude und Anlagen).

Diese Punkte verdeutlichen die Priorität einer ganzheitlichen Sichtweise, wozu die betriebswirtschaftliche wie ingenieurmäßige Betrachtung dieser Prozesse gehört. Die betriebswirtschaftliche Bewertung aus der Sicht des Planers unterstützt somit die Maßnahmen zu organisatorischen Veränderungsprozessen hinsichtlich der visualisierten Baulichkeit. Unternehmen und Planer sind in einem interdisziplinär arbeitenden Team gleichermaßen für die Umsetzung baulicher Reorganisationsmaßnahmen verantwortlich. Der Planer steht nicht mehr nur als externer Berater den Unternehmen zur Verfügung, sondern ist in das Netzwerk zur Verbesserung der Unternehmensposition integriert.

Eine ausschließlich technische Optimierung im Sinne einer Qualitätsverbesserung führt zwar zu Einsparungen, trägt aber letztlich nicht dazu bei, ein Gebäude ohne gezielte Umbaumaßnahmen auf die betriebswirtschaftlichen Reorganisationsmaßnahmen zur Prozeßoptimierung wesentlich zu verbessern. Eine wirtschaftliche und organisatorische Grundlagenermittlung hilft dem Planer, Teilprozesse zur baulichen Reorganisation zu realisieren. In diesem Zusammenhang bezieht sich der Begriff der Reorganisation gleichermaßen auf strategische, als auch auf bauliche Maßnahmen.

Der Begriff der Reorganisation bezieht sich auf strategische sowie bauliche Maßnahmen

Ausgangspunkt des Themas ist der amerikanische Ansatz des Corporate Real Estate Management und des strategischen Facility Mangement, die in meinem Modell der *Integralen Infrastrukturplanung* für den deutschsprachigen Wirtschaftsraum nutzbar gemacht werden sollen. In diesem Kontext werden die immobilienverantwortlichen Bereiche der Unternehmen angesprochen, für die es in Zukunft gilt, beispielsweise eine abteilungsorientierte Bau- oder Liegenschaftsabteilung in eine gewinnorientierte Immobiliengesellschaft zu führen.

Grundlage eines solchen Standpunktes ist die Auseinandersetzung mit den Methoden zur Optimierung von Zeit, Kosten und Qualität sowie der Einschätzung verschiedener Organisationsformen und -modelle. Der Inhalt konzentriert sich in seiner Intention auf den analytischen und ökonomischen Ansatz, um die Wettbewerbsbedürfnisse sowie künftige Kundenwünsche aufzuzeigen und Lösungen unter Bezugnahme der vorhandenen Human-, Technik-, und Wirtschaftsressourcen darzulegen.

Zielsetzung des Buches ist es, die Bedürfnisse der künftigen Kunden zu antizipieren sowie die strategische Vision eines Unternehmens von Gewinnsteigerung und Kostensenkung in den Immobilien umzusetzen, genauso wie das entwickelte Modell der Integralen Infrastrukturplanung als Leitfaden genutzt werden kann, um Immobilien wertschöpfend zu reorganisieren.

I Vision

Umgang deutscher Unternehmen mit ihren Liegenschaften, Immobilien und Anlagen

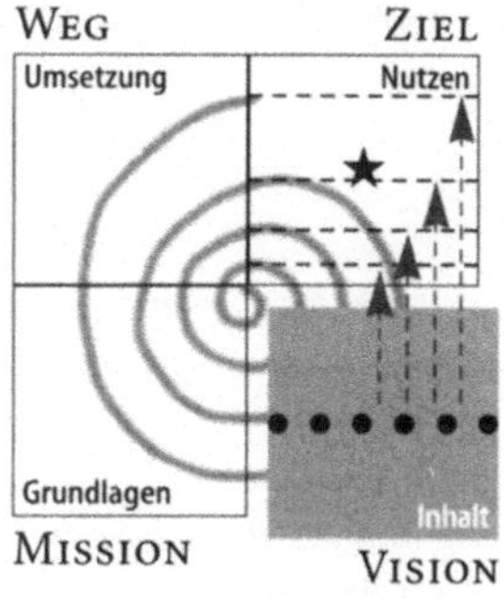

Die gegenwärtige Situation in der deutschen Unternehmensführung ist charakterisiert durch Einsparungsmaßnahmen mit Hilfe von Rationalisierung und Kostensenkungsprogrammen. Die Infrastrukturen, Liegenschaften, Immobilien und Anlagen stellen neben den Personalkosten oftmals den zweitgrößten Kostenblock dar. Zumeist liegt die Ursache darin, daß diese Ressourcen häufig nicht wertschöpfend eingesetzt werden. Grundsätzlich fordern die Unternehmen eine Konzentration auf ihr Kerngeschäft sowie Kosten zu sparen und gleichzeitig die Qualität zu erhöhen, um eine optimale Kundenzufriedenheit mit der vorgegebenen strategischen Zielsetzung zu erreichen.

Aufgrund einer sich verändernden Unternehmenspolitik – Konzentration auf das Kerngeschäft – sollten Kunden-Lieferantenbeziehungen neu definiert werden. Hierbei spielen veränderte Marktbedingungen (z. B. Profitcenter/Outsourcing) eine wichtige Rolle. Der künftige Kunde erwartet einen veränderten Raumbedarf (z. B. Flexibilität und Kommunikation) sowie zusätzliche organisatorische, wirtschaftliche und technische Anforderungen in den Infrastrukturen.

Das Buch soll Denkanstöße liefern, bestehende Anlagen zu optimieren, um eine markt- und kundengerechte Umgebung zu gestalten. Dafür ist es notwendig, die immobilienverantwortlichen Bereiche und ihre Schwachstellen zu analysieren, zu verbessern und schließlich zu kontrollieren. Die so lokalisierten Schwachstellen lassen sich dann eliminiert. Mankos können sein: Mangelnde Dokumentationen der Lie-

genschaften, ungeordnete elektronische Informationslandschaft sowie redundante Arbeitsabläufe in den Kompetenzbereichen. Eine weitere Ursache für Schwachstellen sind die kritischen Faktoren Zeit, Qualität und Kosten sowie die Organisationsformen mit starren Strukturen, zahlreichen Schnittstellen und fehlender Kommunikation und Motivation.

Untersucht man die Immobilienverantwortung eines Unternehmens (bzw. Tochtergesellschaft oder Leistungszentrum, Nutzer und/oder Mieter) so stellt man fest, daß diese durch organisatorische, wirtschaftliche und technologische Infrastrukturmaßnahmen ergänzt werden muß. Die Aufgabe der immobilienverantwortlichen Bereiche (Bereiche im Unternehmen, Investor und/oder Vermieter) ist es, dafür Sorge zu tragen, daß die nötigen infrastrukturellen Planungen durchgeführt werden.

Die Immobilienverantwortung eines Unternehmens muß durch organisatorische, wirtschaftliche und technologische Infrastrukturmaßnahmen ergänzt werden

1
Vision und Wertsetzung

Unter dem Titel „Industrialisierung des Bauens" veröffentlichte Prof. Dr. -Ing. Degenhard Sommer bereits 1974 Entwicklungs- und Problemlösungsmethoden zur prozeßorientierten ganzheitlichen Planung und Ausführung von Bauprojekten in der Industrie.

1.1
Systematisches Planen/Planungs- und Produktionsprozeß

Ziel des industriellen Planens ist der Erfolg aus der Integration technischer, wirtschaftlicher und sozialer Aspekte.

Im Prozeß des Bauens stehen sich zwei Gruppen gegenüber, der Konsument oder Nutzer (heute als Kunde bezeichnet) und der Produzent (Lieferant). Zusätzlich steht der Planer als verbindendes Element zwischen diesen beiden Gruppen (s. Abb. 2).

Alle drei Interessengruppen formulieren folgende Ziele:

- „Der Nutzer möchte möglichst große Freiheit für die Erfüllung der von ihm geschaffenen Bedürfnisse (Individualitätsprinzip).

- Der Produzent möchte möglichst große Freiheit für die Schaffung der von ihm zu erfüllenden Bedürfnisse (Wirtschaftlichkeitsprinzip).

- Der Planer möchte möglichst große Freiheit für die Vermittlung zwischen Schaffen und Erfüllen von Bedürfnissen (Optimalprinzip)."

Zum damaligen Zeitpunkt war Planung im Sinne eines integrierten Vorgangs innerhalb des Produktionsprozesses von der Ausführung getrennt. Der Bauprozeß selbst war und ist auf viele Firmen verteilt.

Heute werden noch immer Planungen nach traditionellen Methoden durchgeführt, wobei sich lediglich das Instrumentarium geändert hat. Integrierte und ganzheitliche Planungen bleiben jedoch die Ausnahme. Während früher noch auf manueller Basis

Planungen erstellt wurden, sind heute objektorientierte, computerunterstützte Planungen möglich. Man erkannte, daß der Planungsprozeß als Entscheidungsprozeß im wesentlichen von Informationen abhängt, die – einst wie heute – ungeordnet vorliegen, veraltet oder nicht vergleichbar sind. Hinzu kommt, daß Lern- und Leistungsphasen hintereinander angeordnet sind und nicht einen kontinuierlichen Prozeß der permanenten Verbesserung darstellen.

Systematisches Planen im Planungsprozeß bedeutet Programme und Ziele einer Aufgabe zu definieren. Der Prozeß des Planens muß für alle Beteiligte transparent und auf ein Gesamtziel ausgerichtet sein. Planen ist somit ein kontinuierlicher Prozeß, bei dem der architektonische Entwurf der letzte Teil dieses Planungsprozesses ist. Ziel der Planung ist es, Probleme unter der Auswahl bestimmter Techniken zu lösen, die kommunizierbar und wiederholt einzusetzen sind.

Angebot und Nachfrage erhalten eine belebende Tendenz durch Marktforschung und Werbung. Diese, für den normalen wirtschaftlichen Kreislauf gültige Situation, ist auf dem Immobilieninvestitionsmarkt in o. g. Form nicht gegeben. Durch die organisatori-

> Planungsmethoden, wie Regelkreis, stufenweise Optimierung und fortschreitende Detaillierung stellen einen dynamischen Prozeß dar

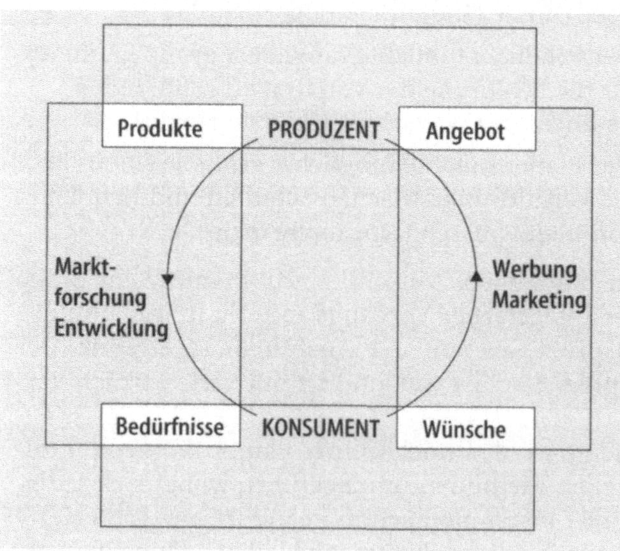

Abb. 2   Kreislauf des Planens 1 (Quelle: Sommer, 1974)

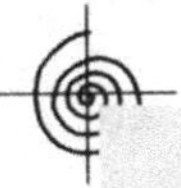

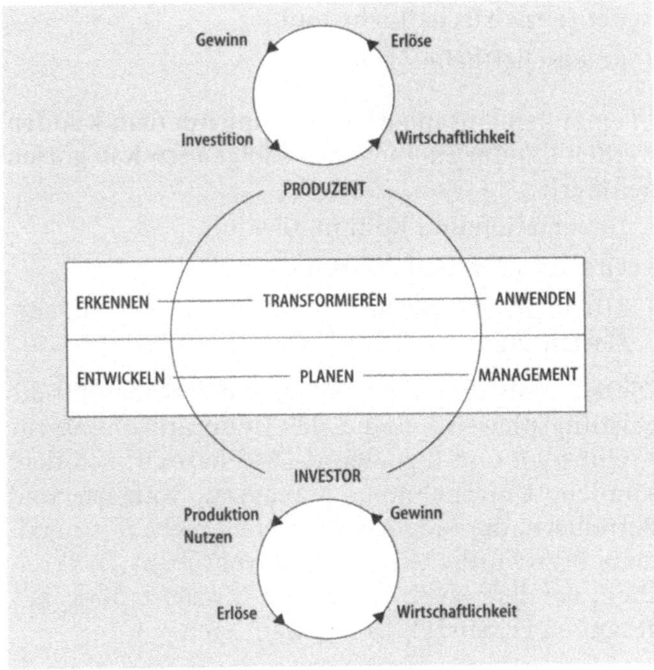

Abb. 3   Kreislauf des Planens 2 (Quelle: Sommer, 1974)

schen Veränderungsprozesse in den Unternehmen aufgrund steigender Konkurrenz und einer zunehmend rezessiven Konjunkturentwicklung wird dieser Ansatz des prozeßorientierten systematischen Planens, welcher technische, wirtschaftliche und soziale Aspekte integriert, in Hinblick auf organisatorische Aspekte in dieser Arbeit ergänzt (s. Abb. 3).

Systematisches Planen integriert technische, wirtschaftliche, soziale sowie organisatorische Aspekte

1.2
Die Phase „0" – Grundlagenermittlung

In der Phase „0" ist eine klare Zieldefinition und die Darstellung der Konsequenzen einer Entscheidung intendiert. Hierfür müssen die Rahmenbedingungen im Vorfeld definiert werden und eine Rückkopplung zur Zielformulierung existieren.

Unter Zielen versteht man:
- funktionale,
- humane,

• betriebswirtschaftliche und

• gesellschaftliche Ziele.

In einer gemeinsamen Erarbeitung mit dem Kunden werden Randbedingungen aus folgenden Kategorien definiert:

• Information und Kommunikation,

• Organisation und Führung,

• arbeitsplatzbezogene-, räumliche- sowie bauliche Gestaltung.

Diese Randbedingungen bilden die Vorgaben für die Leistungsphasen 1 und 2 der Honorarordnung für Architekten und Ingenieure. Die Phase „0" soll dem Kunden, Unternehmen, Managern, Nutzern und Betreibern, die Möglichkeit bieten, nicht nur maximale Preiswürdigkeit eines Bauvorhabens zu erreichen, sondern auch maximale Effizienz über den gesamten Lebenszyklus zu garantieren.

Randbedingungen gemeinsam mit dem Kunden erarbeiten

1.3
Die Vision – Strategisches Planen in der lernenden Organisation

Das in diesem Buch vorgestellte Modell soll einen ganzheitlichen, wertschöpfenden und prozeßorientierten Beitrag im Umgang mit den Liegenschaften, Immobilien und Anlagen leisten.

Einen ersten Ansatz bietet die Verbindung der Methoden des Corporate Real Estate Management mit dem strategischen Ansatz des Facility Management aus den USA. Unter Bezugnahme der vorhandenen Human-, Technik- und Wirtschaftsressourcen, soll das Ergebnis hieraus für den deutschsprachigen Raum nutzbar gemacht werden. Zur Zeit stehen diese Ansätze meist isoliert von der Unternehmensführung zur Entscheidung über eventuelle bauliche Reorganisationsmaßnahmen zur Verfügung. Die betroffenen Bau- und Liegenschaftsabteilungen erhalten meist anschließend strategische Anweisungen zur Planung.

Ansatz aus den USA für den deutschsprachingen Raum nutzen

2
Kritische Betrachtung von Corporate Real Estate Management und Facility Management – zum Verständnis der Immobilienverantwortung in Unternehmen

In der deutschen Unternehmenswelt ist die Erkenntnis, Immobilien als wertschöpfende Objekte zu betrachten, oftmals noch nicht ausreichend entwickelt. Sollen die Immobilien ihren Beitrag zur Wertschöpfung leisten, so müssen zunächst die Verantwortungen neu definiert werden. Hierbei werden die Nutzer zu Mietern und die Liegenschaftsverwalter zu Immobilienmanagern. Voraussetzung ist eine Abkehr von der Abteilungsstruktur hin zu einer eigenständigen Immobilienverantwortung der Unternehmen. Die Liegenschafts- und Bauabteilungen

Immobilie als wert-
schöpfendes Objekt

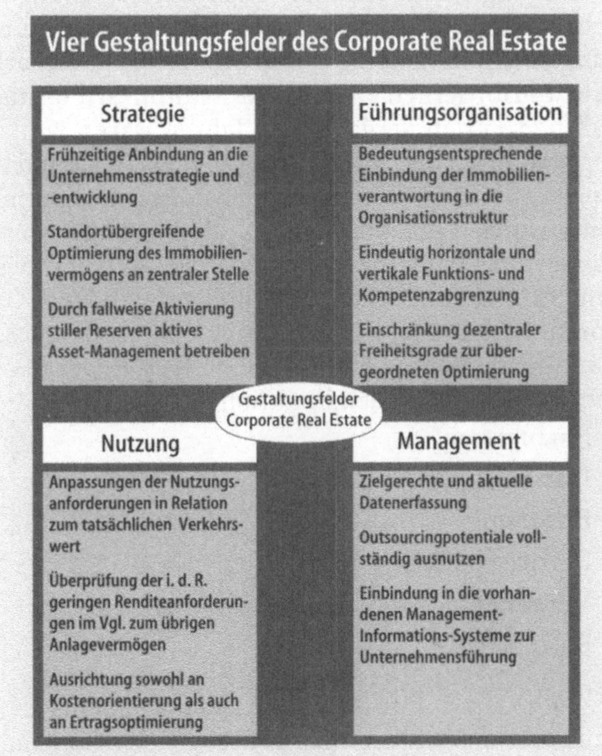

Abb. 4   Corporate Real Estate Management im Überblick

der Unternehmen sind fortan gefordert, durch zielgerichtete Maßnahmen den optimalen Nutzen in den Liegenschaften zu erreichen.

2.1
Corporate Real Estate Management

Immobilien als ökonomisches Produkt sind nicht nur das physische Gebäude oder die gebaute Nutzfläche, sondern die Nutzwerte, die diesen Immobilien zugemessen werden. Diese Nutzwerte sind für den Kunden Ressourcen, welche in der Erfolgsrechnung eines Unternehmens zu Buche schlagen. Hierfür stehen neben den Flächenkosten ebenso die im Geschäftsprozeß stehenden Einflußfaktoren Produktivität und Logistik, Kundennutzen sowie Corporate Identity im Brennpunkt (s. Abb. 4).

Ausgangspunkt für diese neue Wertschätzung der Immobilienwerte waren notwendige Restrukturierungsmaßnahmen, die durch Rezession und Marktdruck erforderlich wurden. Restrukturierungsmaßnahmen in den vergangenen Jahren waren zumeist geprägt durch den Abbau von Arbeitsplätzen und der Analyse von Kostenstrukturen. In diesem Zusammenhang wurden die Arbeitsplatz- und Gebäudekosten näher untersucht. Im Rahmen der Gesamtverantwortung für das betriebliche Immobilienvermögen (Corporate Real Estate) etablierte sich der aus den U.S.A. stammende Begriff des Corporate Real Estate Managements mit folgenden Funktionen:

* Finanzieren,
* Planen,
* Erstellen,
* Bewirtschaften,
* Verwalten,
* Betreiben.

Ziel des Coroporate Real Estate Managements ist es, den einzelnen Nutzer einer innerbetrieblichen Funktion und/oder Tochtergesellschaft einer Holding mit einer kostenoptimalen bzw. marktkonformen Infra-

Strategien des Corporate Real Estate Managements:
* Vermögensstrategie als Teil der Unternehmensstrategie
* Ertrag aus den Immobilien
* Senkung der Bewirtschaftungskosten
* Verbesserung der Objekt- und Servicequalität

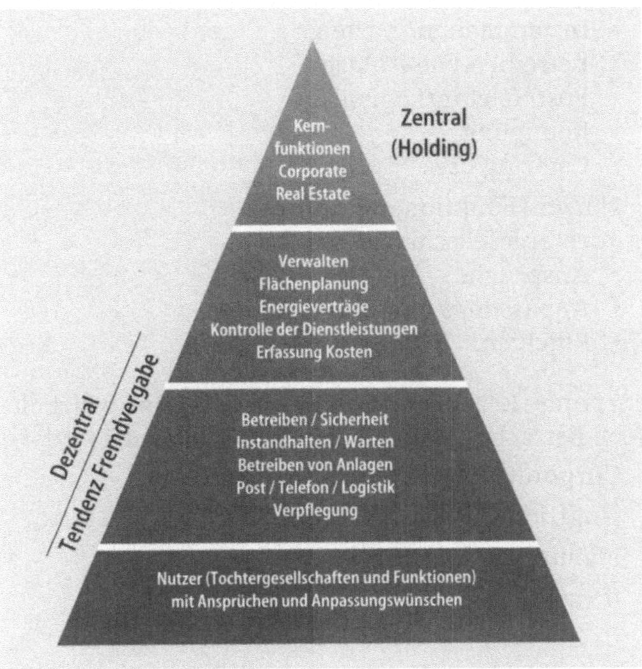

Abb. 5   Corporate Real Estate Management bei IBM (Quelle: In Anlehnung an IBM-Deutschland)

struktur auszustatten. Voraussetzung ist die Erreichung eines angemessenen „Return on Asset", bezogen auf das Kerngeschäft in den Unternehmen.

Der Begriff des Coroporate Real Estate Management zur Erreichung einer optimalen Infrastruktur beinhaltet folgende Funktionen (s. Abb. 5):

- Kernfunktionen der Unternehmensleitung:
  - Assets
  - Flächen
  - Kosten
- Subfunktionen (dezentral oder fremd)
  - Verwaltung
  - Flächenplanung
  - Energieverträge
  - Kontrolle eventueller Dienstleistungen
  - Erfassung der Kosten
- Ausgelagerte Funktionen
  - Betreiben/Sicherheit

Strategische Allianzen im Corporate Real Estate Management:

1. Der Auftraggeber hält die immobilienwirtschaftliche Verantwortung
2. Der interne Dienstleister hat Kundenwünsche zu erfüllen:
   a) Nutzer, die zum Mieter werden.
   b) Liegenschaftsverwalter, die zum Immobilenmanager werden

- Instandhalten/Warten
- Betreiben von Anlagen
- Post/Telefon/Logistik
- Reinigung
- Catering usw.
- Nutzer (Funktionen und/oder Tochtergesellschaften)
  - Ansprüche
  - Anpassungswünsche
  - Pflichten.

Corporate Real Estate Management ist eine ganzheitliche Betrachtung, die folgende Definitionen fordert:
- Corporate Real Estate Strategien
- langfristige Bedarfsplanung
- Planung und Kontrolle
- Investitionen und Kosten.

Ziele des CREM für bauliche Maßnahmen: geringstmögliche Kosten, geringer Ressourcenverbrauch, hohe Flexibilität, Transparenz und Kommunikation

Möglichkeiten zu Corporate-Real-Estate-Strategien :
- Bündelung der Infrastrukturverantwortung an einem Ort, d.h. Ausgründung der Standortbetreiberdienste.
- Unternehmensweite Integration der gesamten Infrastrukturverantwortung, d.h. Trennung zwischen Kern- und Subfunktionen mit der Möglichkeit der Auslagerung technischer Infrastruktur-Leistungen (Betreiben und Bewirtschaften).
- Bündelung eines breiten Spektrums an Infrastruktur-Diensten an einem Objekt.

Voraussetzung ist die Verbesserung sog. Leistungsketten zur Erfüllung o.g. Strategien durch Abbau von Schnittstellen, Eliminierung der Schwachstellen, Förderung der Kommunikation sowie der Transparenz von Kostenstrukturen

Umsetzung der Corporate-Real-Estate-Strategien:
- Der erste Schritt ist die Erfassung und Prüfung des derzeitigen IST-Zustandes, das Strukturieren und die Einbindung in ein Kostenerfassungssystem. Nach der Zuordnung der Kosten ist es möglich die kostentreibenden Fixkostenblöcke heraus zu filtern und sie den entsprechenden Bereichen zuzuordnen.
- Die Zuordnung und Erfassung der Flächen und die damit verbundene Flächennutzung geben Auskunft über mögliche Flächenreserven.

- Die dadurch erreichte Transparenz über die bisher entstandenen Kosten zeigt erste mögliche Ursachen und Potentiale zur Optimierung.

Erst jetzt kann man mit einer Verteilung der operativen Aufgaben beginnen. Die angeführten Maßnahmen orientieren sich am Ziel einer durchgängigen Informationserfassung und -bearbeitung.

NUTZEN AUS CORPORATE-REAL-ESTATE-STRATEGIEN:
Die Immobilienverantwortung geht auf den Auftraggeber für die internen Dienstleistungen über, d.h. eigengenutzte Flächen werden vermietet. Der interne Dienstleister erhält seinerseits neue Kunden, den Nutzer, der nun zum Mieter wird und den Liegenschaftsverwalter, der zum Immobilienmanager wird. Dieser Wandel der ehemaligen Funktionen setzt neue Synergien frei, die man als „Strategische Allianzen" bezeichnet.

Strategische Allianzen bilden

Der in den USA geprägte Ansatz des Corporate Real Estate Management sollte auch im deutschsprachigen Wirtschaftsraum nutzbar gemacht werden. Unternehmen sollten den Corporate-Real-Estate-Gedanken im Sinne eines strategischen Immobilienmanagements in die Unternehmensplanung aufnehmen, um die Potentiale aus ihren Liegenschaften, Gebäuden und Anlagen wertschöpfend einsetzen zu können. Unterstützung hierzu bietet der Shareholder-Value-Ansatz, eine langfristige Steigerung des Unternehmenswertes, durch die Wertsteigerung der Immobilien.

2.1.1
Shareholder-Value-Ansatz

Ausgehend von der amerikanischen Unternehmenspraxis gewinnt auch in Deutschland eine zunehmend kapitalorientierte Unternehmenssteuerung, im Rahmen von Shareholder-Value- oder Wertmanagementansätzen, an Bedeutung.

Im Gegensatz zum angelsächsischen Wirtschaftsraum war der Kapitalmarktdruck in Deutschland bis vor wenigen Jahren noch gering. Ursache sind u.a. in der vergleichsweise geringeren Bedeutung der Eigen-

kapitalfinanzierung, über die Börse zu suchen. Zudem führte die wachsende Bedeutung performanceorientierter institutioneller Investoren aus dem Ausland heute auch in Deutschland zu einer zunehmend kritischen Sicht der Geschäfts- und Investitionspolitik in bezug auf ihre Immobilien. Die langfristige Steigerung des Unternehmenswertes (Shareholder Value) gewinnt somit bei der Anlagenentscheidung im Aktienmarkt zunehmend an Bedeutung.

Oberstes Ziel ist daher die Erwirtschaftung langfristig überdurchschnittlicher Renditen für die Aktionäre. Den Unternehmen sollte es bei der Bewertung ihrer Reorganisationsmaßnahmen somit nicht um kurzfristige höhere Dividenden gehen, sondern vielmehr um die Erzielung nachhaltiger Ertrags- und Renditenverbesserungen durch eine konsequente Ausrichtung des Unternehmensportfolio. Diese Verbesserungen führen schließlich zu regelmäßigen Kurssteigerungen.

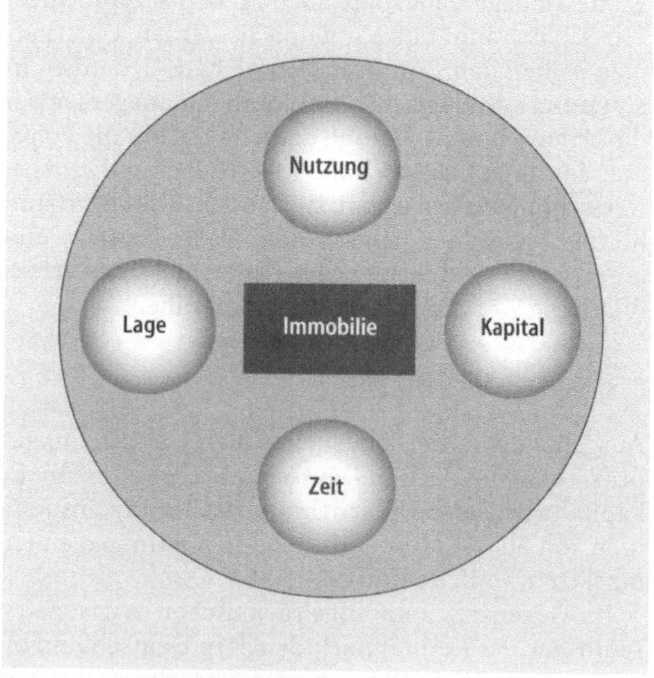

Abb. 6   Elemente im Shareholder Value

Jene Unternehmen, deren Strategie auf die Steigerung des Unternehmenswertes abzielt, zeichnen sich durch klare strategische Ausrichtung sowie die Konzentration auf die Stärken des Unternehmens aus. So werden z. B. Teilbereiche verkauft oder Tochtergesellschaften mit der Rechtsform einer Aktiengesellschaft gegründet. Diese Ziele werden nicht durch massive Kostensenkungsprogramme mit der Folge von Massenentlassungen der Mitarbeiter erreicht, sondern durch kontinuierliche Verbesserungen der Human-, Technik- und Wirtschaftsressourcen. Nötige Einsparungen können durch gezielte prozeßorientierte Reorganisation erfolgen unter Berücksichtigung des Wertes der Infrastrukturen, insbesondere der Immobilieninfrastruktur.

Shareholder Value im Ansatz nach Rappaport: Basis dieser Beurteilung bildet die Kapitalwertmethode. Ist der Barwert der Summe von Cash-Flow größer Null – hat die Investition also einen positiven Kapitalwert –, so wird im Unternehmen Wert geschaffen. Das Gleichgewicht von Lage, Nutzung, Zeit und Kapital bestimmt den Erfolg im Shareholder Value Ansatz (s. Abb. 6).

2.2
Facility Management – Strategischer Ansatz in den USA

In den USA ist Facility Management in die strategische Geschäftsplanung des Corporate Real Estate Managements integriert. Zudem erkannte man schon sehr früh die Wert- und Nutzungssteigerung einer Immobilie als Maßstab für die Unternehmensführung. Dies fordert aber ein neues Denken in Prozessen über die Abteilungsgrenzen traditioneller Organisationsstrukturen hinaus.

In den späten 70er Jahren erhielt das Berufsbild des „Facility Managers" allmählich Anerkennung und etablierte sich innerhalb von Unternehmen in den USA und Kanada formell unter der Bezeichnung „Facility Management".

1982 definierte die United States Libary of Congress Facility Management als: „Die Praxis der Koordi-

---

Randnotizen:

Ein erfolgsorientiertes Vergütungssystem, eine aktionärsorientierte Informationspolitik und regelmäßige Kommunikation sind wichtige Erfolgsfaktoren

Ziel des wertorientierten Ansatzes nach Rappaport zur Steigerung des Kapitalwertes (1986) ist die Planung, Steuerung und Beurteilung von Wachstumsstrategien in Unternehmen

Corporate Real Estate Management und Facility Management bilden eine strategische Allianz

nation des physischen Arbeitsplatzes mit den Menschen und Arbeitsabläufen im Unternehmen; es vereint die betriebswirtschaftlichen Prinzipien mit architektonischen und solchen der Verhaltens- und Ingenieur- Wissenschaften" (RONDEAU 1995, S. 6ff.).

FACILITY MANAGEMENT – ENTWICKLUNG DES FACILITY-MANAGEMENT-GEDANKENS IN DEN USA   In den frühen 70er Jahren wurde in den USA die Inflation zu einer wirtschaftlichen Bedrohung; das Ölembargo führte zu einer Verknappung der Brennstoffe, was wiederum zu einem dramatischen Kostenanstieg aller Güter und Finanzierungen vieler Unternehmungen führte. Kapital und Material wurden knapp. Die Deregulation früherer Monopole und Dienstleistungen (Telekommunikation, Rohstoffe u.v.m.) zwangen große Gesellschaften auf dem Markt, effizienter und effektiver im Wettbewerb zu agieren.

Der zunehmende Wettbewerb von ausländischen Unternehmen schloß einige Güter- und Dienstleistungslücken, während andererseits viele amerikanische Unternehmen mit Innovationen und alternativen Lösungen positiv prosperierten. Ineffiziente Produktionsprozesse, unproduktive Arbeitsumfelder und noch höhere Erwartungen seitens der Unternehmensführung zwangen die Konzerne dazu, Kreativität und Motivation sowie schließlich eine höhere Produktivität und Wettbewerbsfähigkeit durch die Immobilien zu erreichen. Konsequenz dieser Wirtschaftskrise und des Umbruchs in den US-Unternehmen war das „Evolutionäre Management" knapper Güter: die Veränderung der Sichtweise von Immobilien als Vermögenswert.

Facility Management verbindet erprobte und innovative Methoden und Techniken mit dem neuesten technischen Wissensstand, um menschliche und produktive sowie kosteneffektive Arbeitsumfelder in den Immobilien zu schaffen. In den meisten Fällen sind die damit befaßten Fachkräfte Unternehmensgeneralisten, die eine Vielzahl von Spezialisten aus dem jeweiligen Unternehmen, (externe) Berater und/oder „Outsourcing"- Vertragspartner koordinieren, managen oder rekrutieren.

Organisationen versuchen langfristig, Mitarbeiter und Ressourcen auf Anforderungen des Kerngeschäfts zu konzentrieren. Das Ausgliedern hat den Umgang zwischen Geschäftsführung und Dienstleister verändert. Mitarbeiter des Unternehmens werden – mit kurzfristiger Vorankündigung – zu externen Dienstleistern im Service oder vertraglich gebundenen Konsulenten.

2.3
Facility Management – erster operativer Ansatz im deutschsprachigen Raum

In Deutschland existiert bis heute noch kein integrativer strategischer Ansatz im Bereich des Facility Managements. Es entstehen zwar Dienstleistungen und Instrumente im Umgang mit den Immobilien, die Ansätze versäumen jedoch, betriebswirtschaftliche Komponenten mit den technisch bedingten Grundlagen zu verknüpfen.

DEFINITION DES FACILITY MANAGEMENTS IM DEUTSCHSPRACHIGEN WIRTSCHAFTSRAUM *Facility Management stellt eine integrative, ganzheitliche Betrachtungsweise interner Serviceleistungen sowie des gesamten Anlagenvermögens eines Unternehmens dar. Facility Management beschäftigt sich mit der Wirtschaftlichkeit von Gebäuden und Anlagen über deren gesamte Lebensdauer hinweg.*

Aufgabe des Facility Managers soll es sein, die Gebäude sowie ihre Systeme und Inhalte optimal auf die dort arbeitenden Menschen und die betrieblichen Bedürfnisse auszurichten, um die größtmögliche Wertschöpfung aus dem Zusammenwirken sämtlicher Ressourcen eines Unternehmens zu erreichen. Das Zusammenwirken der unternehmenseigenen Ressourcen, d.h. der strategischen, prozeßorientierten Betrachtung aller Geschäftsbereiche, ist in vielen Unternehmen noch nicht realisiert. Somit gestaltet es sich schwierig, einen greifbaren materiellen Nutzen

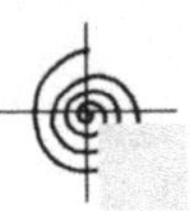

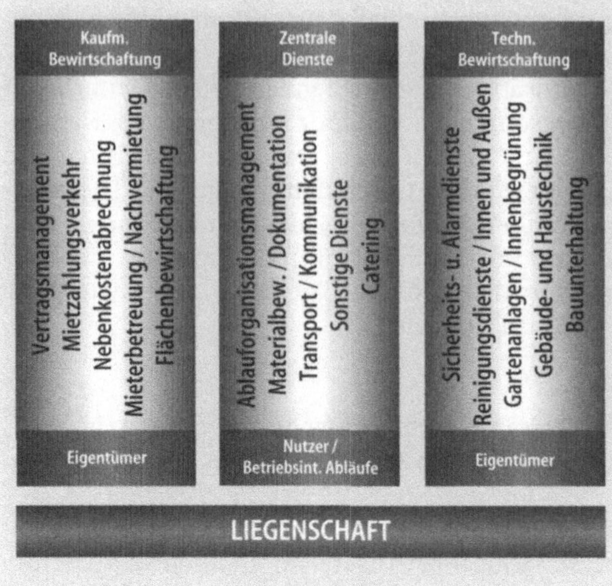

Abb. 7 Bestandteile des Facility Managements

durch die Kenntnis des aktuellen Marktwertes der Sachanlagen (z. B. durch Erstellung technischer Parameter) für eine bessere Finanzposition zu erzielen.

DAHER TRIFFT FOLGENDE DEFINITION AUF DIE GEGENWÄRTIGE SITUATION EHER ZU *Facility Management ist die Gesamtheit technischer Dienstleistungen zum Unterhalt von Gebäuden und Liegenschaften mit dem Ziel der Aufrechterhaltung und Optimierung aller Betriebsfunktionen sowie der Kostenreduzierung (s. Abb. 7).*

Dieser erste operative, technisch orientierte Ansatz gibt den Betreibern Auskunft über nötige Wartungs- und Instandhaltungsarbeiten sowie über die Notwendigkeit, entsprechende technische Versorgung und geeignete Materialauswahl bereitzustellen.

Der deutsche Wirtschaftsraum legt die Betonung seiner FM-Bestrebungen voll und ganz auf diesen Ansatz. Daher definierte sich Facility Management aus den Service- bzw. Technikleistungen, wie Reinigungswesen oder Wartung und Instandhaltung. Diese Unternehmen ergänzten ihre Dienstleistungen um die Bereiche: Sicherheit, Postdienste, Catering usw. (s. Abb. 8). Bei diesem Ansatz wird der Unterschied zum ursprünglichen amerikanischen Weg deutlich. Während in den USA Facility Management schon seit seiner Entstehung als strategischer Prozeß verstanden wurde, ist im europäischen, insbesondere deutschsprachigen Wirtschaftsraum hauptsächlich von den Diensten die Rede. Diese Zuordnung führt zwangsläufig zu einer Verunsicherung in den Unternehmen, da Dienstleister und Serviceanbieter sowie Softwarehersteller gleichermaßen – ohne klare Differenzierung und Definition der Facility-Management-Leistungen – Lösungen anbieten.

Diese einseitige Betrachtungsweise entwickelt sich zur Problematik, wenn es um die Implementierung eines ganzheitlichen und strategischen Facility Managements geht, da sich die schwerpunktorientierten Bedürfnisse der Unternehmen schwer mit der integralen Betrachtungsweise und Lösungszusammenhängen in Einklang bringen lassen. So erschließen die zur Zeit am Markt befindlichen Angebote im weitesten Sinne einige Facetten an Dienstleistungen. Für einen integralen Ansatz fehlen aber auch hier die entsprechenden Prämissen, welche sich in die strategische Geschäftspolitik eines immobilienverantwortlichen Bereichs integrieren lassen. Diese Leistungen sollten organisatorischen, wirtschaftlichen, technologischen sowie baulichen Anforderungen Rechnung tragen.

Die Erfahrungen in den USA der vergangenen Jahre müssen im deutschsprachigen Wirtschaftsraum deutlicher beachtet werden.

Die Investoren (Immobilienverantwortung der Unternehmensseite) sind verantwortlich für die Bereitstellung optimal nutzbarer Flächen für ihre Kunden. Die Kunden ihrerseits stellen die Anforderungen für eine optimale Nutzung und Bewirtschaftung sowie das Betreiben dieser Flächen. Im Rahmen seiner Bindegliedfunktion wird dem Facility Manager eine wesentliche Rolle zugemessen. Er erarbeitet mit dem künftigen Kunden gemeinsam einen Maßnahmenkatalog und eine Programmplanung im

Probleme des Facility-Management-Begriffs in Deutschland:

- technisch orientierter Ansatz,
- fehlende Kenntnis über strategische und wertschöpfende Maßnahmen in bezug auf die Immobilien,
- fehlende Kenntnis über organisatorische Veränderungsprozesse

Strategisches integratives Facility Management stellt die Immobilie unter Berücksichtigung der Investoren- und Kundenpotentiale in den Mittelpunkt

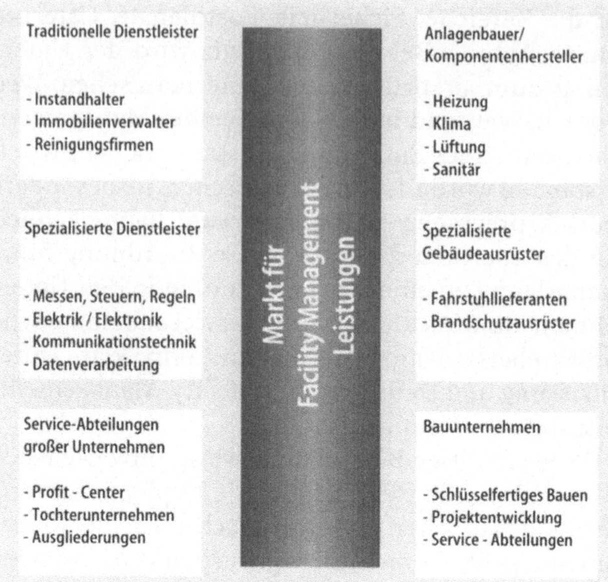

Abb. 8   Der Facility-Management-Markt

Sinne eines „strategischen Masterplans" aus. Inhalt einer solchen Planung ist es, künftige Kundenwünsche zu realisieren, um eine optimale Leistungserbringung zu garantieren. In diesem Zusammenspiel lassen sich nötige organisatorische Veränderungen für einen gemeinsamen Nutzen (Kunden- und Nutzerpotentiale) realisieren.

3
Ergebnis

Die Erfahrungen der Vergangenheit im Umgang mit den Immobilien einerseits und der strategischen Auswirkung aus den USA – Corporate Real Estate Management und Facility Management – sowie den ersten operativen Ansätzen in Deutschland andererseits, bieten eine gute Basis, neue Wege in der Immobilienverantwortung zu erschließen. Dies eröffnet Möglichkeiten, den Wert baulicher Infrastrukturen sichtbar darzulegen. Für den künftigen Kunden und den immobilienverantwortlichen Bereich des Unternehmens sowie für das Gesamtunternehmen müssen die Erfahrungen nutzbar gemacht werden.

Um eine solche Immobilienverantwortung zu definieren, sollten methodische- und betriebswirtschaftliche Kenntnisse vorliegen. In Kap. II werden daher die nötigen Grundlagen für das Modell der Integralen Infrastrukturplanung dargelegt. Diese Kriterien zeigen einerseits die Methoden zur Optimierung von Zeit, Kosten und Qualität und andererseits die organisatorischen Veränderungsprozesse in den Unternehmen.

II Mission

**Ausgewählte Methoden zur Optimierung
von Qualität – Kosten – Zeit**

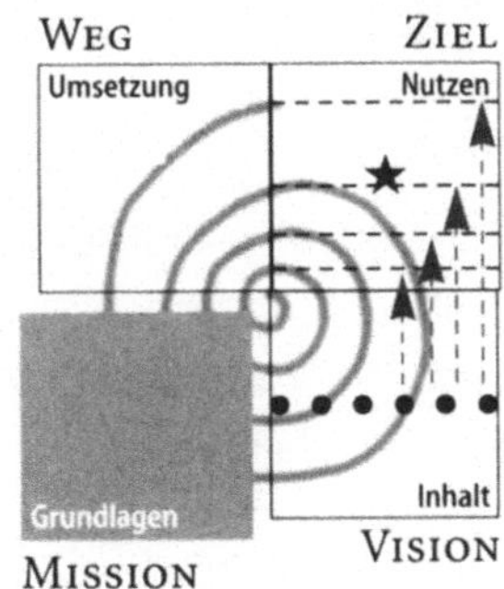

Die Liegenschaften verursachen eine Vielzahl von sach- und personenbezogenen Kosten. In der Bestandsaufnahme werden alle relevanten Kennzahlen für die Betriebskosten der Infrastrukturen erfaßt. Hier gilt es, der häufig vorliegenden Datenredundanz entgegenzuwirken. Es werden Kennzahlen zur momentanen Organisationsform, den Betriebskosten, der Bewirtschaftung sowie der technischen Gebäudeausrüstung erhoben. Anschließend werden diese Kennzahlen analysiert und im Sinne eines Benchmarks in Relation zum erreichbaren Ziel gestellt.

Die gegenwärtige Situation ist geprägt durch folgende Faktoren:

- Durch Kostensenkungsprogramme werden Erfolgspotentiale erreicht.
- Durch Rationalisierungsmaßnahmen wird aus Flächenbedarf Flächenüberhang.
- Es entsteht eine Diskrepanz zwischen kürzer werdenden Produktzyklen und langer, oftmals nicht bedarfsgerechter Gebäudenutzungsdauer.
- Die Unternehmensführung erwartet Ergebnisbeiträge aus der wirtschaftlichen Nutzung ihrer Liegenschaften.

Methoden zur Optimierung von Qualität, Kosten und Zeit:

- Total Quality Management,
- Zertifiziertes Qualitätsmanagement (EN ISO 9000f.).

Diese Methoden tragen in erster Linie zur Verbesserung der Marktposition des Unternehmens, u. U. zur

Methodische Verfahrensweise zur qualitativen Verbesserung der vorhandenen Ressourcen

Für die Grundlagenermittlung werden Methoden zur Optimierung von Qualität, Kosten und Zeit angewandt

Kostensenkung bei und sind je nach Anwendungsbereich (Umweltmanagement, Value Management) fachorientiert ausgerichtet. Es zeigt sich, daß bei gleichzeitigem, nicht zielgerichtetem Einsatz, eine Vielzahl von redundanten Abläufen entsteht.

1
Qualität – Kosten – Zeit

Für die Begriffsbestimmung werden im folgenden Qualität, Kosten und Zeit näher definiert. Anschließend wird das Total Quality Management vorgestellt, welches die Analyse der vorbeugenden Arbeitssysteme und das kontinuierliche Training der Mitarbeiter für nachhaltige Verbesserungen beinhaltet.

1.1
Qualität

Die Messung von Qualität ist in zwei Aspekte unterteilt: einerseits in die Feststellung der Fehler und andererseits in die Messung der Wahrnehmung von Perfektion. In jedem Prozeß müssen daher unzählige Fehler eliminiert werden. Man muß messen und überwachen,

Qualität muß ständig gemessen und überwacht werden

- ob die Kundenzufriedenheit gestiegen ist (hat der Lieferant, Konzern, Investor, Vermieter die Immobilieninfrastruktur entsprechend ausgestattet?),

- ob das Management vorbeugend handelt (hat das Management Kontrollmöglichkeiten eingerichtet, um Qualitätsverluste zu erkennen, z. B. ob die energietechnische Versorgung den neuesten umweltrelevanten sowie ökonomischen und funktionalen Ansprüchen Rechnung trägt?),

- ob die Kosten durch Qualitätsmaßnahmen sinken (werden Einsparungen durch Änderungen in der Immobilieninfrastruktur, z. B. der Versorgungstechnik, Licht, Wasser und Strom, erreicht?).

Eine große Zahl von Führungskräften verwendet in diesem Kontext ihre Zeit auf das Managen von Beschwerden. Tatsächlich managen sie Fehler, indem sie versuchen, Probleme zu lösen, nachdem der Prozeß zur Verbesserung der Qualität fehlgeschlagen ist. Durch das präventive Beurteilen von Alternativen mit Hilfe von Programmen, Kosten und Terminplänen, ist das Management in der Lage zu erkennen, welche

Managen von Fehlern kann verhindert werden

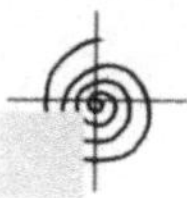

Veränderungen oder Kombinationen von Veränderungen Probleme eliminieren und die aktuellen Qualitätsforderungen erreichen.

Neben der Verbesserung von Qualitätsprozessen sollte man eine Anreizvergütung entwickeln, die das Erreichen von Qualität fördert. Die dadurch erzielte Motivation der Mitarbeiter setzt Kreativität und eine damit verbundene Produktivitätssteigerung frei. Des weiteren werden Veränderungen – organisatorischer oder baulicher Art – leichter akzeptiert.

1.2
Kosten

In diesem Kontext versteht man unter Kosten die prozeßspezifische Verrechnung der indirekten Gemeinkosten auf die verursachenden Dienstleistungsprozesse, Optimierung der Infrastrukturen (z. B. bauliche Reorganisationsmaßnahmen), Forschung und Entwicklung, Beschaffung und Logistik, Auftragsabwicklung sowie Vertrieb und Rechnungswesen. Mit Hilfe der so entwickelten Prozeßkostenrechnung können Betriebsabläufe genauer bewertet werden, und eine Kostensenkung kann mit Hilfe des Verursacherprinzips des Kostenbetreibenden erreicht werden. Ziel der Prozeßkostenrechnung ist es, die „Kostentreiber" in den Immobilien zu erkennen und zu eliminieren.

Voraussetzung für die Ermittlung von Prozeßkosten ist, daß zu Prozeßbeginn die Informationen in geeigneter Form vorhanden sind. Eine Basis hierfür ist die Vernetzung der Informationstechniken, die eine umfassende redundanzfreie und exakte elektronische Dokumentation voraussetzt. Um Prozeßkosten ganzheitlich zu erfassen, ist es notwendig, den gesamten Ressourceneinsatz zu betrachten, d.h. die Kosten der Liegenschaften, Gebäudekosten und Anlagekosten (Gehalts- und Gehaltsnebenkosten, Kosten für die Datenverarbeitung u.v.m. sind mit einzubeziehen). Kriterien der prozeßorientierten Kostenerfassung sind:

- Organisationsübergreifende Einbindung aller an der Leistungserstellung beteiligten Ressourcen,

z. B. Gebäudekosten, Energiekosten, Leistungen von externen und internen Lieferanten u. ä.

- Definition relevanter Bezugsgrößen und verursachungsgerechte Zuordnung der Kosten entsprechend der Inanspruchnahme.

- Generierung von Ansatzpunkten für zielgerichtete Prozeßverbesserung, d. h. Schaffung von Prozeßkostentransparenz.

- Berücksichtigung von Kostensegmenten, die unmittelbar durch die Performance eines Prozesses beeinflußbar sind, z. B. Lagerhaltungskosten, Kapitalbindungskosten durch einen erhöhten Lagerbestand bzw. Zinsverluste durch anstehende Forderungen.

Im Vordergrund der prozeßorientierten Kostenerfassung steht die zu erbringende Leistung in Verbindung mit den gesamten eingesetzten Ressourcen unabhängig davon, welche bzw. wie viele Organisationseinheiten an der Erstellung des Prozeßoutputs mitwirken.

BEISPIEL: BETRACHTUNG DER GEBÄUDEKOSTEN   Einige Kostenarten, z. B. die Gebäudekosten, sind häufig nur für größere Organisationseinheiten verfügbar. Die Verteilung der Gebäudekosten erfolgt dann in der Regel nach einem allgemeinen Verrechnungssatz unter Berücksichtigung der tatsächlich genutzten Fläche unabhängig von der Gebäudeart bzw. der aktuellen Kostensituation.

Individuelle Gebäudekosten beachten

Vorteilhafter ist die Ermittlung des Verrechnungssatzes auf der Basis der individuellen Gebäudekosten in Verbindung mit der tatsächlich in Anspruch genommenen Fläche (z. B. ist die angemietete Lagerfläche des Kunden zu groß, kann er diese dem Investor/Vermieter zur weiteren Verwendung überlassen).

Man hat in diesem Fall folgende Möglichkeiten der Kostenreduzierung:

1. Reduktion der Flächen,

2. Gebäude mit günstigeren Verrechnungssätzen belegen (Marktpreise),

3. funktionsorientierte Verrechnung (Differenzie-

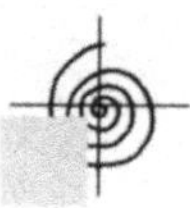

rung zwischen z.B. Büro-, Lager-, Verkehrsflächen und Foyerzonen).

Die Kosten gliedern sich in drei Gruppen:
1. Netto-Kosten (Kaltmiete),
2. Betriebskosten (Kosten für Wartung, Instandhaltung sowie Instandsetzung),
3. Kosten für bauliche Maßnahmen.

Die Aufteilung der Gebäudekosten kann somit in prozeß- und nichtprozeßrelevante Kosten gegliedert werden.

Bei dem nachfolgenden Beispiel wird deutlich, in welchem Maß Flächen und Ressourcen rationell eingesetzt werden können.

Beispiel für rationelle Gebäudenutzung

In einem Verwaltungsgebäude wird ein Büroarbeitsplatz nur zu ca. 18% der Nutzungszeit in Anspruch genommen. Hier kann durch gezielte Belegungsplanung und entsprechende Möblierung (Arbeitsplatzsharing) eine effizientere Performance erreicht werden. Gleiches trifft auf die Nebennutzflächen, Flure, Eingangshalle usw. zu. Eine Methode zur Verbesserung ist die Reorganisation bestehender Büroflächen nach Tätigkeitsformen, z.B. prozeßorientiertes oder vernetztes Arbeiten (Gruppenbüros oder fraktale Büroformen).

1.3
Zeit

Durchlaufzeit ist ein entscheidener Wettbewerbsfaktor

Die Zeit ist die Durchlaufzeit zwischen einem Ereignis, das den Prozeß auslöst, bis zur Verfügbarkeit des Produkts oder des Ergebnisses einer Dienstleistung für den Kunden. Die Durchlaufzeit bestimmt die Reaktionsfähigkeit auf dem Markt und wird auf diese Weise zum entscheidenden Wettbewerbsfaktor. Aus Prozeßsicht spielt Termintreue eine wesentliche Rolle bei der Analyse der Kundenzufriedenheit. Die Zeit ist somit in vielerlei Hinsicht ein wichtiger Faktor.

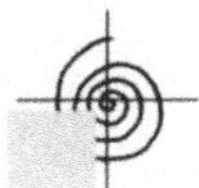

2
Total Quality Management – Analyse der Arbeitssysteme und kontinuierliche Verbesserung der Infrastrukturen

Unter Qualitätsmanagement versteht man diejenigen Aspekte der Gesamtführungsaufgabe, welche die Qualitätspolitik festlegen und zur Ausführung bringen. Im Gegensatz zum traditionellen Management, das sich auf das Lokalisieren von Fehlern konzentriert, stellt das Total Quality Management die Analyse der Arbeitssysteme und das präventive und kontinuierliche Training der Mitarbeiter – für nachhaltige Verbesserungen – in den Mittelpunkt. Der Ausgangspunkt von Total Quality Management ist ein umfassender Qualitätsbegriff. Dieser schließt neben der Gebäude- und Produktqualität auch die Qualität der Leistungserstellung und die Qualität der Mitarbeiter ein.

Folgen für die Integration der Mitarbeiter in den Qualitätsbegriff sind veränderte Arbeitsabläufe, z.B. die produktionstechnische Inselfertigung in der Automobilindustrie. Jeder Mitarbeiter ist als Mietglied in einem Team integriert. Verwaltungsbezogene Einheiten werden diesen Inseln zugeordnet. Zu Diskrepanzen führt die Realisation solcher Veränderungsprozesse, wenn die gebaute Umgebung diesen Anspruch nicht Rechnung trägt.

Mehr Qualität durch veränderte Arbeitsabläufe

Unter Betrachtung dieser Prämissen bei der Planung, der Ausführung und der Nutzung von Gebäuden lassen sich solche Fehler reduzieren oder ganz umgehen. Darüber hinaus ist der Planer oder Ingenieur (bzw. Facility Manager) aufgefordert, optimale Materialien und Techniken einzusetzen, um z.B. den Energieverbrauch zu senken sowie das Wohlbefinden der Nutzer zu gewährleisten.

Anfangs wurde der Begriff der Qualität dem Arbeitsablauf bei der Produkterstellung zugerechnet mit dem Ziel, die Fehlerrate gering zu halten. Die Qualität der administrativen Abläufe wurde hingegen nicht kontrolliert. Durch die Einführung des Total Quality Managements erstreckt sich die prozeßori-

entierte Qualitätssicherung nunmehr auf das gesamte Unternehmen. Das Ergebnis ist ein kontinuierlicher Verbesserungsprozeß (KVP).

KONTINUIERLICHE VERBESSERUNG – KAIZEN *Kaizen bedeutet eine ständige Verbesserung unter Berücksichtigung aller Mitarbeiter (Geschäftsleitung, Führungskräfte und Mitarbeiter). Dabei ist es unerläßlich, den Prozeß als so wichtig zu erachten wie das Ergebnis selbst. Kaizen fördert prozeßorientiertes Denken, da die Prozesse verbessert werden müssen bevor man verbesserte Ergebnisse erwarten kann.*

2.1
Implementierung von Total Quality Management

Durch die Etablierung von Total Quality Management wird die aufgewendete Managementzeit erheblich reduziert

Die Methode des Total Quality Managements in Verbindung mit Kaizen (KVP) analysiert Arbeitssysteme und verbessert die Leistung aller Mitarbeiter

Die Implementierung des Total Quality Managements definiert Ziele, in dessen Rahmen Leistungen gemessen und kontinuierliche Verbesserungen durchgeführt werden. Für das Unternehmen bedeutet dies eine Zunahme an Kapazitäten und somit mehr Zeit für das Kerngeschäft sowie Schulungs- und Planungsaktivitäten, um eine weitere kontinuierliche Verbesserung der Qualität zu erreichen. Die resultierenden Qualitätserfolge garantieren eine höhere Produktivität, niedrigere Kosten und zufriedenere Kunden. Doch vor der Implementierung benötigt das Unternehmen für eine prozeßorientierte Analyse der Arbeitssysteme immobilienrelevante Kennzahlen. Diese Kennzahlen können in einer Benchmarking-Studie (intern und extern) ermittelt werden.

BENCHMARKING *Benchmarking bedeutet Unternehmensleistungen mit jenen der anderen Unternehmen zu vergleichen, möglichst mit denen, die branchenfremd sind und ein „Best in Practice" darstellen (s. Abb. 9 und 10).*
Die Benchmarking-Studie könnte sich mit den folgenden Fragen befassen:
• Was ist die Norm?
• Welche Standards sind festgelegt?

- Welche Dienstleistungen sollten bereitgestellt werden (z.B. Serviceleistungen, Reinigung, Catering usw.)?

- Wie hoch sind die relativen Kosten und Vorteile, die sich aus der Bereitstellung dieser Dienstleistungen ergeben (z.B. wie hoch sind dierelativen Kosten für gebäuderelevante Optimierung)?

- Was sollten die Kunden erwarten und bis wann (z.B. wie werden Instandhaltungs- und Wartungsarbeiten geregelt werden)?

- Was erwartet das leitende Management?

- Welche Gebäudestandards sollten eingeführt werden?

Das Hauptproblem beim Benchmarking ist die schwierige Vergleichbarkeit, welche in den unterschiedlichen Informationsquellen begründet ist. So sind z.B. die Abwicklungskosten eines Auftrags nur dann in Relation mit anderen zu setzen, wenn auch die Verkaufsprozesse ähnlich organisiert sind. Benchmarking ist dann geeignet, wenn ein standardisierter

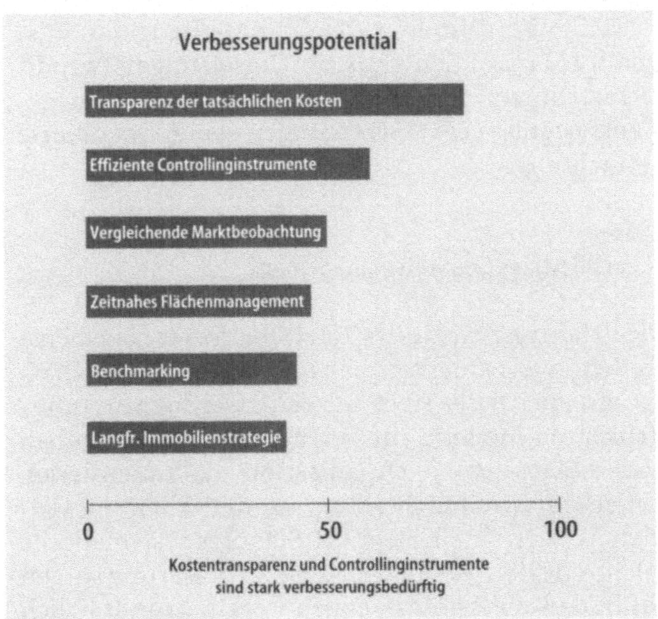

Abb. 9 Benchmarking 1

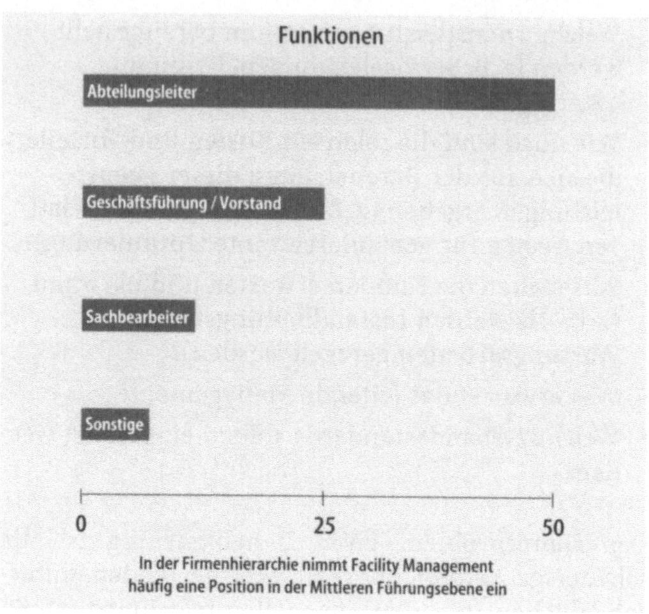

Abb. 10   Benchmarking 2

Benchmarking nur mit
Standard-Fragenkatalog
sinnvoll

Fragenkatalog erarbeitet wird und das zu vergleichende Unternehmen einen „Best in Practice" darstellt.

Nachfolgend findet neben der Methode des Total Quality Managements das zur Umsetzung notwendige Instrument des Zertifizierten Qualitätsmanagementsystems (EN ISO 9000f.) seine detaillierte Betrachtung.

2.2
Zertifiziertes Qualitätsmanagement

Die Erfahrungswerte des Total Quality Managements fließen in das Qualitätsmanagementsystem (EN ISO 9000f.) ein. Dieses stellt zur Verbesserung von Infrastrukturen Modelle zur Verfügung, die den Aufbau und Ablauf einer Organisation dokumentieren. Außerdem wird beschrieben, wer die Arbeit mit welchen Arbeitsmitteln ausführt. Ständige systematische Selbstreflexion und nachhaltige Verbesserung sorgen dafür, daß die selbstgesetzten Regeln grundsätzlich befolgt werden. Das Ziel ist die Prozeßorganisation.

Sie ist eine „lernende Organisation", die flexibel auf interne und externe Veränderungen reagieren kann.

PROZESSOPTIMIERUNG IM QUALITÄTSMANAGEMENT: Qualitätsmanagement ist dann besonders wirksam, wenn es sich an qualitätsrelevanten Prozessen orientiert. Nachdem ein solcher Prozeß lokalisiert ist, stellt sich die Frage, wer an diesen Prozeß welche Anforderungen richtet. So lassen sich nach und nach alle Prozesse, z. B. Funktionsabläufe eines Gebäudes, abbilden, analysieren und optimieren. Die Dokumentation gebräuchlicher Varianten einer Tätigkeit ermöglicht durch die Analyse eine Festlegung verbindlicher Regeln (z. B. zur Materialauswahl, Belichtung, Belüftung, Fassade usw.).

Diese Regeln werden auf das wesentliche beschränkt und in einer Dokumentation festgehalten.

PHASEN DER ZERTIFIZIERUNG:
- Informationsgespräch
- Phase 1: Vorbereitung auf das Zertifizierungsaudit
- Prüfung des eingeführten Qualitätsmanagement Systems
- Frageliste
- Gespräche mit den Mitarbeitern
- Identifizierung der Schwachstellen „vor Ort"
- Aufzeigen von organisatorischen Verbesserungsmöglichkeiten
- Phase 2: Prüfung der QM-System-Unterlagen
- Übergabe des QM-Handbuchs und der Verfahrensweise
- Beschreibung der Organisationsstruktur, der typischen Abläufe und Verantwortlichkeiten
- Phase 3: Zertifizierungsaudit
- Prüfung der aufgestellten Regeln
- Optimierung der Betriebsabläufe
- Minimierung von Fehlleistungsaufwand

- Einhaltung rechtlicher Vorgaben
- Phase 4: Zertifizierung
- Ausgabe des zeitlich befristeten Zertifikats, in der Regel alle 2–5 Jahre
- Überwachungsaudit, einmal pro Jahr
- Wiederholungsaudit, vor Ablauf der Gültigkeit.

KRITIK Die häufigste Kritik an der Zertifizierung äußert sich in der Fokussierung auf das funktionierende Qualitätsmanagementsystem und die damit verbundene Zertifizierung, anstatt auf die Ergebnisqualität der Aufgaben und Personen, die damit verbunden sind, hinzuweisen. Ziel eines Qualitätsmanagementsystems soll es aber sein, diese Qualität bereits prospektiv zu sichern. Leider dient die Zertifizierung oftmals nur der besseren Wettbewerbspositionierung.

Für die Entwicklung des Modells in diesem Buch und der damit verbundenen baulichen Reorganisationsmaßnahmen eines zukunftsorientierten Wettbewerbs werden nach der Optimierung der Arbeitssysteme und der Mitarbeiter (TQM und EN ISO 9000f) die existierenden, traditionellen Organisationsstrukturen beurteilt. Hier werden die Grundlagen zur Verbesserung interner Organisationsabläufe präsentiert, um z. B. einen abteilungsorientierten Liegenschaftsbereich in eine gewinnorientierte Immobiliengesellschaft zu führen.

3
Organisatorische Veränderungsprozesse – Grundlage für bauliche Reorganisationsmaßnahmen

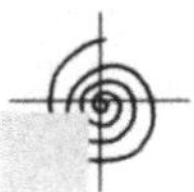

Bestehende Prozesse in vorhandenen Organisations- und Ablaufstrukturen der Unternehmen zeigen mögliche Potentiale hinsichtlich einer innovativen und kontinuierlichen Verbesserung zum Abbau von Schnittstellen und zur Eliminierung von Schwachstellen. Externe Marktbedingungen zwingen Unternehmen zu internen und somit zu organisatorischen Veränderungs- bzw. Anpassungsprozessen. Mit dem Wandel vom Verkäufer- zum Käufermarkt bis hin zu individualisierten und fraktalen Märkten müssen sich die Unternehmen auf die Bedürfnisse, Probleme und Wünsche jedes potentiellen Kunden einstellen. Dies erfordert eine hohe interne Flexibilität.

Unter dem Begriff Organisation wird in diesem Buch „der Prozeß, die Tätigkeit des organisatorischen Gestaltens sowie das Ergebnis der Gestaltung, d.h. die Organisationsstruktur". verstanden. Organisationsstrukturen sind hierbei „ein System von Regelungen, die das Verhalten der Organisationsmitglieder auf ein übergeordnetes Ziel ausrichten sollen". In der betriebswirtschaftlichen Organisationslehre hat sich die Differenzierung zwischen Aufbau- und Ablauforganisation durchgesetzt, die im folgenden in ihren Grundzügen dargestellt werden.

Traditionelle Organisationen sind gekennzeichnet durch

- eine funktionale Gliederung,
- der Kunde wirkt als Störgröße,
- die Organisationsstruktur ist starr

⇒ die Strukturgestaltung steht im Vordergrund.

Künftige Organisationsformen hingegen verlangen
- eine prozeßorientierte Gliederung,
- auf Kunden ausgerichtete Ziele,

Folge für die Immobilieninfrastruktur:
- bauliche Maßnahmen müssen diesen Anforderungen gerecht werden, d.h. flexible, kommunikative, kreative und motivierende Konstruktionen,
- weg von einer baulichen Zellenstruktur, hin zu kommunikativen Teamzentren

*   flexible Organisationsformen

⇒ die Verhaltensgestaltung steht im Vordergrund.

Die Immobilieninfrastruktur muß künftigen Organisationsformen gerecht werden. Sie muß folgende Eigenschaften erfüllen:

*   Flexibilität,
*   Transparenz,
*   Kommunikation,
*   Motivation,
*   Kreativität,
*   Ökonomie,
*   Ökologie.

3.1
Die Aufbauorganisation

Unter Aufbauorganisation versteht man *„das statische System der organisatorischen Einheiten einer Unternehmung, das die Zuständigkeiten für die arbeitsteilige Erfüllung der Unternehmensaufgabe regelt"* (GABLER 1988, S. 364).

Grundsätzlich sollte jede Organisationsform folgende Bedingungen gewährleisten:

*   die optimale Ausnutzung der vorhandenen Ressourcen,
*   die Berücksichtigung auftretender Marktinterdependenzen,
*   die Möglichkeit der Disposition,
*   die Fähigkeit der Innovation.

Unter Berücksichtigung der externen (z.B. Marktstrukturen, Kundenstrukturen, Wettbewerbsverhältnisse usw.) und internen (Ziele, Qualifikation der Mitarbeiter, Anzahl und Heterogenität der Produkte usw.) Faktoren wird, ausgehend von dem Unternehmenszweck, eine Analyse und Aufsplitterung der Gesamtaufgabe in Teilaufgaben vorgenommen (Aufgabenanalyse).

Auf die Aufgabenanalyse folgt die Aufgabensynthese, die Einzelaufgaben zu sinnorientierten Stellen zusammenfaßt, die als kleinste aufbauorganisatorische Einheit den Zuständigkeitsbereich des Stelleninhabers bzw. einer Person abgrenzt. Diese Stellen stehen in einer Synergie zueinander, die aus der grundlegenden Aufgabenstellung resultiert. Die Stellen ihrerseits werden zu Abteilungen bzw. Teilsystemen der Gesamtorganisation zusammengefaßt. Je nach gewählten Gliederungsprinzipien lassen sich ein- und mehrdimensionale Organisationsformen unterscheiden.

3.1.1
Eindimensionale Organisationsstrukturen

Eindimensionale Organisationsstrukturen sind dadurch charakterisiert, daß die Segmentierung der Aufgaben nach einem Kriterium erfolgt. Folgende Grundmodelle werden hierbei unterschieden:

1. DIE FUNKTIONSORIENTIERTE ORGANISATIONSFORM
Die funktionale Organisationsform (s. Abb. 11) ist die älteste und auch heute noch am meisten gebräuchliche Organisationsform. Sie kennzeichnet sich durch die Zusammenfassung gleichartiger oder ähnlicher Verrichtungen (Funktionen). Dies ermöglicht die Besetzung der einzelnen Stellen mit Spezialisten, wodurch eine qualifizierte Aufgabenerfüllung gewährleistet ist. Diese Organisationsform resultiert zumeist in einer guten Ressourcennutzung. Neben der Zielsetzung einer effizienten Aufgabenerfüllung bietet sich diese grundsätzlich bei Einproduktunternehmen sowie bei Unternehmen an, deren Markt, Produkte und Kunden homogen sind.

Der Hauptvorteil dieser Organisationsform liegt in ihrer administrativen, vertikal strukturierten Einfachheit. In der horizontalen Koordination treten jedoch häufig Probleme auf, da mehrere Stellen auf ein Produkt (Objekt, Marktsegment, usw.) einwirken. Eindeutige und reaktionsschnelle Entscheidungen können auf diesen Ebenen nicht getroffen werden. Aufgrund dieser Probleme entsteht häufig eine Ent-

Folge für die Immobilieninfrastruktur:
Die gegenwärtigen abteilungsorientierten Organisationsstrukturen spiegeln sich auch in den Bauwerken wider, z.B. zweispännige Verwaltungsgebäude mit Zellenbüros oder Großraumbüros mit langen kommunikationslosen Fluren

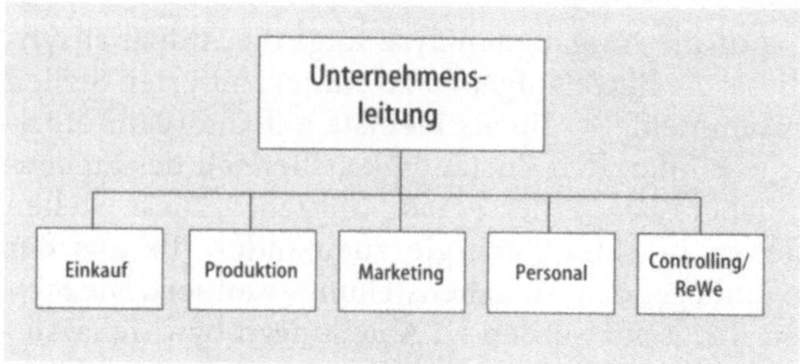

Abb. 11 Funktionale Organisationsstruktur

scheidungszentralisierung bei der Unternehmensleitung. Eine Gewährleistung, daß die unternehmerischen Maßnahmen auf die einzelnen Produkte oder Märkte hinreichend abgestimmt sind, wird somit zweifelhaft.

Mit steigender Heterogenität des Produktprogamms und wachsender Umweltdynamik nimmt auch die Bedeutung der rechtzeitigen Entscheidungen zu, die die Belange des einzelnen Produkts bzw. Markts betreffenden. In diesem Falle sollte eine Modifizierung der funktionsorientierten Organisation oberstes Unternehmensziel sein.

Eine in der Praxis gebräuchliche Variante der funktionalen Organisation ist die funktionsorientierte Organisation mit produktbezogenen oder funktionalen Stabsstellen (s. Abb.12). Die Variante der produktbezogenen Stabsstellen koordiniert die Funktionen

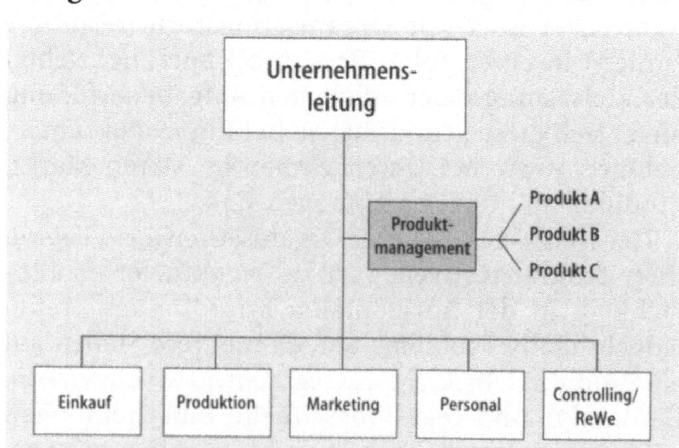

Abb.12 Funktionale Organisationsstruktur mit produktbezogener Stabsstelle

im Hinblick auf die Produkte von dem Inhaber der Stabsstelle („Produktkoordinator" bzw. „Produktmanager"). Als nachteilig erweist sich jedoch, daß diese Produktkoordinatoren keine Weisungsbefugnis besitzen und somit nicht zu einer adäquaten Entlastung der Unternehmensleitung beitragen. Andererseits ermöglicht die Einführung des Produktmanagements als Stab in einer funktionalen Organisationsform, eine verbesserte produktbezogene Planung, eine höhere Anpassungs- bzw. Reaktionsfähigkeit auf Marktveränderungen sowie eine verbesserte Zusammenarbeit zwischen den betroffenen Abteilungen.

2. Die divisionalisierte Organisationsform (Spartenorganisation)   Im Gegensatz zur funktionalen Organisationsform bzw. zur traditionellen Stabslinienorganisation eignet sich die Spartenorganisation vor allem für Unternehmen mit einem stark differenzierten Produktprogramm, mit großer Verschiedenartigkeit bei den Kunden bzw. Märkten oder mit großen Absatzgebieten bzw. Gebieten mit stark differenziertem Verbraucherverhalten. Die Organisation gliedert sich nicht mehr in ein Funktionsprinzip, sondern in ein Objektprinzip, indem einzelne Produkte bzw. Produktgruppen, Kundengruppen oder räumliche Gegebenheiten zu sog. Sparten zusammengefaßt werden (s. Abb. 13).

2.1. Die produktorientierte Organisationsform
Je differenzierter und heterogener das Produktprogramm einer Unternehmung, je stärker diese diversifiziert und je dynamischer die Märkte sind, desto wichtiger ist eine gezielte Koordination und Flexibilität in den Entscheidungen im Hinblick auf das einzelne Produkt. Beim produktorientierten Ansatz werden relativ homogene Produktgruppen zu Sparten bzw. Divisionen zusammengefaßt und innerhalb der Gesamtunternehmung einer weitgehend autonomen Leitung unterstellt, die unmittelbar der Geschäftsleitung zugeordnet ist. Ist diese Spartenleitung auch für den wirtschaftlichen Erfolg der Division verantwortlich, so bildet dieser Bereich ein Profit-

Folge für die Immobilien-
infrastruktur:
Die Bildung sog. Profit Centers hat eine direkte Auswirkung auf bauliche Reorganisationsmaßnahmen:
- Kundenzufriedenheit
- wirtschaftlicher Erfolg
- interne Flexibilität in den Liegenschaften
- starke Heterogenität der Funktionsbereiche

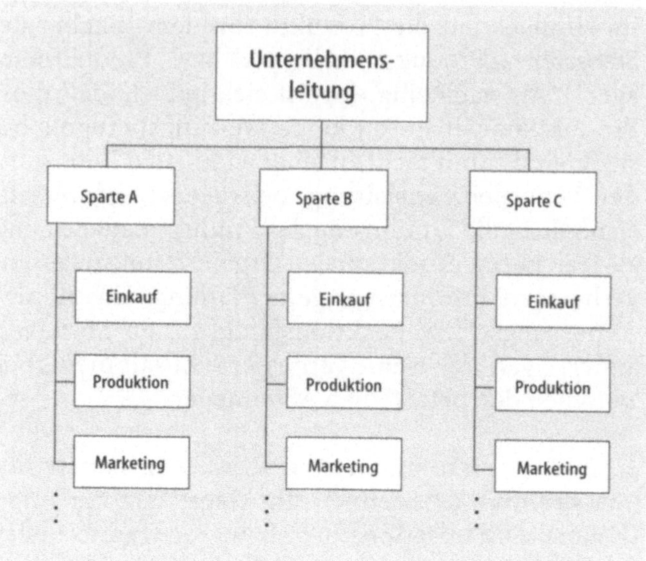

Abb. 13   Divisionale Organisationsstruktur

Center. Voraussetzung für eine derartige Profit Center-Organisation ist die Existenz eines eigenen Marktes für jede Division sowie auch eine starke Heterogenität der Funktionsbereiche. Diese dezentrale Unternehmenssteuerung führt zu einer erheblichen Entlastung der Unternehmensleitung, die hierdurch ihre Konzentration im wesentlichen auf die Steuerung und Kontrolle der einzelnen Geschäftsbereiche richten kann.

Dezentrale Unternehmens-
steuerung bringt Vorteile

Eine vollständige Zuordnung der Funktionen einzelner Sparten wird in der Praxis in aller Regel vermieden, da diese häufig Parallelarbeiten und mangelnde Ressourcenausnutzung mit sich bringt. Spartenübergreifende Synergieeffekte, z.B. durch Ausnutzung von Rabatten/Rabattstaffelungen, durch die Mehrbestellmenge einer zentralen Einkaufsabteilung sowie die Erfüllung einheitlicher Unternehmensaufgaben, z.B. die Schaffung und Einhaltung einer Corporate Identity, können nicht sichergestellt werden. Aus diesem Grunde werden die Funktionen, die für mehrere bzw. alle Sparten in gleicher Weise anfallen, in zentralen Funktionsbereichen zusammengefaßt.

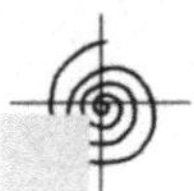

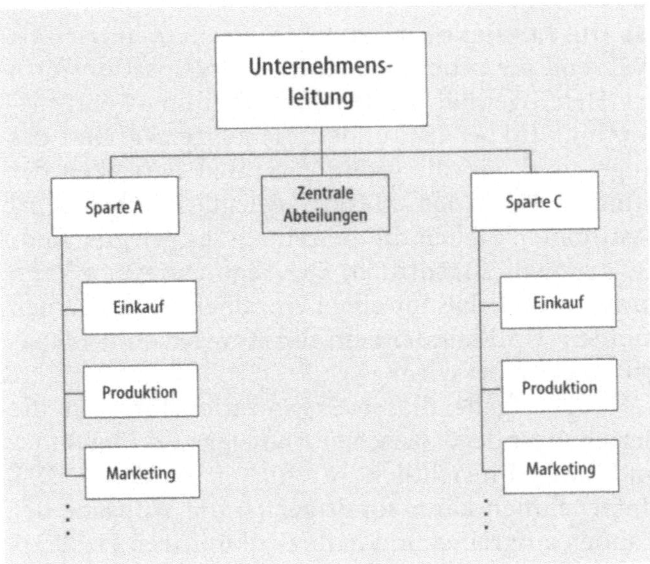

Abb. 14   Divisionalisierte Organisationsstruktur mit zentralen Funktionsbereichen

Zusammenfassend gehen mit der divisionalen Organisationsstruktur folgende Vorteile gegenüber der funktionalen Organisationsstruktur einher:

- verkürzte Informations- und Kommunkationswege,
- verbesserte Produkt-, Kunden- und Marktkenntnis,
- Erhöhung der strategischen Flexibilität in bezug auf dynamische Umweltprozesse:
  - Dezentralisierung der Entscheidungen,
  - Nutzung von Synergieeffekten (z. B. ermöglicht die Spezialisierung auf Marktbereiche ein schnelles Aufspüren von Marktchancen und Reagieren auf Marktveränderungen),
- leicht lösbare Koordinationsprobleme und geringes Konfliktpotential,
- Befriedigung der persönlichen Bedürfnisse der Mitarbeiter (Zweck der jeweiligen Tätigkeit ist für den einzelnen Mitarbeiter innerhalb der Divisionen klar erkennbar; Erhöhung der Identifikation mit dem Endprodukt).

Folge für die Immobilieninfrastruktur:
Die bauliche Umsetzung solcher Organisationsformen kann einen zentralen Kern ausweisen, an dem sich fraktal die Organisationseinheiten angliedern. Diese können baulich ebenfalls ergänzt werden oder entfallen.
Ziel:
- kurze Wege
- Erweiterungsfähigkeit
- Umbesetzung
- Flexibilität

2.2. DIE KUNDENORIENTIERTE ORGANISATIONSFORM

Während die produktorientierte Organisationsform der Heterogenität des Produktprogramms entgegenkommt, wird bei der kundenorientierten Variante das Augenmerk auf die große Verschiedenartigkeit der Kunden bzw. der Märkte gelegt. Hierbei wird bestimmten Stellen die Betreuung festgelegter Kundengruppen zugeordnet. Die Segmentierung kann soweit gehen, daß für einen einzelnen, bedeutsamen Kunden (Großkunden) ein sog. Key- Account-Manager eingerichtet wird.

Hauptaufgabe dieser Organisationsform ist die Beziehungspflege zwischen Anbieter und Abnehmer und zwar hinsichtlich sämtlicher Produkte. Das Unternehmen kann somit gezielt die Wünsche der Kunden aufgreifen und in ihre zukünftigen Produktentwicklungen miteinfließen lassen. Weiterhin können sich die Marketingaktivitäten an den Kundenwünschen orientieren.

Die Beziehung zwischen Anbieter und Abnehmer muß besonders gepflegt werden

2.3. DIE GEBIETSORIENTIERTE ORGANISATIONSFORM

Eine derartige Organisationsform liegt vorwiegend den Unternehmen zugrunde, die über ein großes Absatzgebiet verfügen oder in Gebieten mit differenziertem Verbraucherverhalten tätig sind. Dieser Fall ist in der Regel bei Markenartiklern mit internationalem Tätigkeitsfeld gegeben. Weiterhin sind auch regionale Organisationskriterien denkbar (z. B. nach Nielsengebieten)[1].

3.1.2
Mehrdimensionale Organisationsstrukturen

Die parallele Verwendung mindestens zwei Strukturierungskriterien auf ein und derselben Strukturierungsebene charakterisiert die mehrdimensionale Organisationsform. Spezifische Nachteile von eindimensionaler Organisationsformen, wie mangelnde Ressourcennutzung, können so vermieden werden.

---

[1] Nielsengebiete sind Bereiche mit einheitlichen Verbraucher- und Konsumverhalten. Deutschland ist nach demographischen Kriterien in diese Gebiete aufgeteilt.

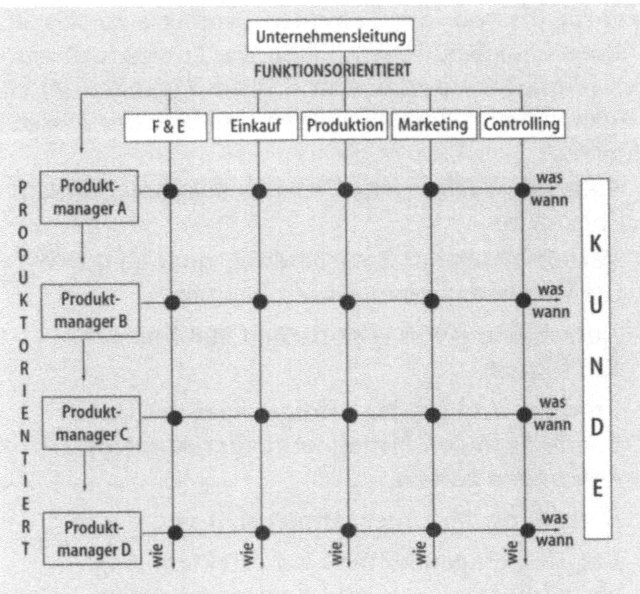

Abb. 15 Matrixorganisation

Die Grundform mehrdimensionaler Organisationsstrukturen ist die Matrixorganisation (s. Abb. 15), die aus dem „Anfang der fünfziger Jahre in der amerikanischen Luft- und Raumfahrtindustrie entwickelten Projekt Management" und dem daraus entstandenem Konzept des Produktmanagements entstand. Diese Organisationsform bietet sich besonders für Unternehmen an, die über ein Leistungsprogramm mit heterogenen und zahlreichen Produkten verfügen.

Matrixorganisation ist die Grundform mehrdimensionaler Organisationsstrukturen

Für die bestmögliche Aufteilung der Aufgaben im Hinblick auf die Funktionen, die zu verkaufenden Produkte und die zu bearbeitenden Märkte bzw. Kunden werden sog. Schnittstellen als organisatorische Einheiten eingerichtet, die Weisungen von mehreren, mindestens zwei organisatorisch übergeordneten Einheiten erhalten. Hierbei handelt es sich in der Regel um Produkt- und Funktionsmanager (Produktmatrixorganisation).

Bei dieser Lösung wird dem Produktmanager (Produktspezialist und Funktionsgeneralist) die Kompetenz zugestanden, horizontal durch alle Funktionsbereiche anzuordnen, zu welchem Zeitpunkt

was für die von ihm betreuten Produkte zu tun ist. Diesen Entscheidungen haben die Funktionsmanager (Funktionsspezialist und Produktgeneralist) zu folgen, sie entscheiden jedoch das Wie der Durchführung.

Folgende Vorteile ergeben sich aus dieser Organisationsform:

- Verbesserung der Entscheidungsqualität durch die Vermeidung von Einseitigkeiten,

- Ausschaltung von spezifischen Stablinien-Konflikten,

- Produkt wird als der Erfolgsträger des Unternehmens in den Mittelpunkt aller Absatzbemühungen gestellt,

- Entlastung der Unternehmensleitung,

- Entscheidungen können auf direktem Wege – ohne Informations- und Kommunikationsverluste – von den Spezialisten getroffen werden.

Schwachstellen liegen in nicht zu vermeidenden Kompetenzüberschreitungen, die zu potentiellen Konflikten führen. Neben der Belastung der Zusammenarbeit der Beteiligten können diese Konflikte jedoch auch als Chance für produktive Such-, Lern- und Kommunikationsprozesse, vor allem im Rahmen der Neuproduktentwicklung, gesehen werden. Je konsequenter die Unternehmensleitung den Produktmanager mit den seinen Aufgaben entsprechenden Kompetenzen ausstattet, desto besser wird diese Organisationsform gelingen.

ERGEBNIS: Aufgrund der spezifischen Vor- und Nachteile der verschiedenen angesprochenen Organisationsstrukturen sind heute in der Praxis meist sog. Mischformen anzutreffen, die die jeweiligen Belange der Unternehmen adäquat vertreten.

Konsequenzen für infrastrukturelle Änderungen sind einerseits geänderte logistische Anforderungen an ein Gebäude, sowie auch die horizontale prozeßuale Verarbeitung von Tätigkeiten, die nicht mehr vertikal durch einzelne Funktionsbereiche gelenkt

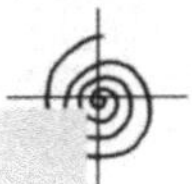

werden, sondern horizontal gerichtet sind, und somit ein entsprechendes räumliches Umfeld suchen. Erste Ansätze hierzu bieten das Kombi-Office und fraktale Fabrikplanungen. Diese Ansätze zeigen teamorientiertes Arbeiten und Erstellen von Leistungen in kleinen kommunikativen, flexiblen und transparenten Einheiten entlang der wichtigsten Kommunikationsströme.

3.2
Die Ablauforganisation

Während bei der Aufbauorganisation die Bildung von verteilungsfähigen Aufgabenkomplexen, deren Verteilung auf Personen und Sachmittel sowie die aufgabenbezogene Koordination (Gestaltung des Kommunikationssystems) im Vordergrund steht, betrachtet man bei der Ablauforganisation die Regelung von Arbeitserfüllungsvorgängen im Sinne von Aufgabenprozessen, die sich in Raum und Zeit vollziehen. Hauptziel dieser raumzeitlichen Strukturierung ist die Erreichung der kürzesten Durchlaufzeit aller Bearbeitungsobjekte durch das Unternehmen. In diesem Zusammenhang ist besonders darauf zu achten, daß alle Arbeitsgänge unter Beachtung der Wirtschaftlichkeitsaspekte lückenlos aufeinander abgestimmt sind.

Der Arbeitsablauf muß hierbei in verschiedener Hinsicht geordnet werden:

1. **DIE ORDNUNG DES ARBEITSINHALTS** Der Arbeitsinhalt muß hinsichtlich der Arbeitsobjekte und der Verrichtungen organisiert werden. Beide ergeben sich aus der Gesamtaufgabe des Unternehmens, die ihrerseits bereits im Rahmen der Aufgabenanalyse in der Aufbauorganisation in Teilaufgaben zerlegt wurde. Zusätzlich müssen die Teilaufgaben und ihre Verrichtungen so verkettet werden, daß die daraus resultierenden Arbeitsabläufe den wirtschaftlichen Erfordernissen entsprechen. Weiterhin ist festzulegen, welche zur Erfüllung der postulierten Aufgabe notwendige Verrichtung zugrundegelegt wird.

2. DIE ORDNUNG DER ARBEITSZEIT   Zunächst muß die Zeitfolge der Teilaufgaben detailliert werden. Zur Einhaltung der korrekten Reihenfolgebedingungen wird darauf die Zeitdauer der Teilaufgaben festgelegt. Hierbei ist auf eine möglichst exakte Festlegung der Zeitdauer zu achten, da diese einen wesentlichen Kostenfaktor darstellt.

3. DIE ORDNUNG DES ARBEITSRAUMES   Während bei der Aufbauorganisation das Merkmal Raum eher eine untergeordnete Rolle spielt, gewinnt es im Rahmen der Ablauforganisation an Bedeutung.

4. DIE ARBEITSZUORDNUNG   Zum Schluß müssen die Teilaufgaben sinnvoll den verschiedenen Stellen zugeordnet werden. Hierbei ist auf eine möglichst gleichmäßige Auslastung der Stellen zu achten.

ERGEBNIS: Wie diese Ausführungen gezeigt haben, steht die Ablauforganisation in wechselseitiger Beziehung zur Aufbauorganisation und sollte – hinsichtlich der Planung – grundsätzlich synchron mit ihr erfolgen. Gleiches gilt ebenfalls für die Infrastrukturplanung sowie die baulichen Reorganisationsmaßnahmen.

3.3
Betriebliche Informationssysteme

Zusätzlicher Druck auf die Flexibilität der Unternehmen wird durch die Internationalisierung bzw. Globalisierung der Märkte ausgeübt. Immer mehr Konkurrenten bemühen sich um die Gunst der Kunden. Das gewinnwirtschaftlich ausgerichtete Unternehmen ist zukünftig nicht nur mit Hilfsmitteln wie Konkurrenzanalysen, Portfolioanalysen usw. vom Absatzmarkt her zu führen, sondern muß vor allem intern – aufbauend auf einer vorhandenen Organisationsstruktur – ein flexibles, an den Marktsignalen ausgerichtetes, prozeßorientiertes Informations- und Organisationssystem implementieren.

Die Vorbereitung und Durchführung von Entscheidungen und Handlungen erfolgt immer unter Verwendung von Informationen. In einer betrieblichen Organisation sind Informationen für die Beschaffung und arbeitsteilige Kombination von Ressourcen sowie für die zielgerichtete Verwertung und Auswertung von erstellten Leistungen unumgänglich. Aus der zielgerichteten Auswahl und Kombination von betriebsnotwendigen Informationen entstehen sog. Informationssysteme, die – bewußt oder unbewußt – Grundlage unternehmerischen Handelns sind.

„Ein Informationssystem läßt sich hierbei als ein aufeinander abgestimmtes Arrangement von personellen, organisatorischen und technischen Elementen verstehen, das dazu dient, Handlungsträger mit zweckorientiertem Wissen für die Aufgabenerfüllung zu versorgen" (FRESE 1992, S. 923).

Durch die Implementierung neuer Informationstechnologien in die unternehmerische Praxis spricht man heute von computergestützten Informationssystemen (CIS), bei denen Teilaktivitäten in Form eines Mensch-Maschine-Systems realisiert werden. Im wesentlichen werden hierbei die informellen Aufgaben und Funktionen vom Menschen, die formalisierbaren Informationen von der Maschine, übernommen.

MANAGEMENT-INFORMATIONSSYSTEME (MIS) Das Mitte der 60er Jahre entwickelte Konzept von Management-Informationssystemen (s. Abb. 16) entstand aus dem Bestreben heraus, die vielfältigen Entscheidungs-, Planungs- und Kontrollprozesse auf allen Ebenen der Unternehmenshierarchien zu unterstützen.

Management-Informationssysteme bestehen aus partiellen Subsystemen, die jeweils entsprechend den Anforderungen der betreffenden Benutzergruppen entwickelt und installiert werden. Hierbei ist zu beachten, daß alle Subsysteme in einen übergeordneten Plan integriert werden können und generelle Standardisierungen und vorgeschriebene Prozeduren eingehalten werden. Häufig werden die informel-

len Subsysteme nach organisatorischen Funktionsbereichen abgegrenzt. Typische Subsysteme in Industriebetrieben sind Beschaffungs-, Produktions-, Logistik-, Personal-, Absatzinformations- und Gebäudemanagementsysteme. Da diese Systeme im Sinne des zielgerichteten unternehmerischen Handelns nicht isoliert betrachtet und installiert werden dürfen, müssen hier Querverbindungen geschaffen werden, die sich an den Managementaktivitäten orientieren. Diese Systeme ziehen sich horizontal und vertikal durch die gesamte Unternehmung und sind grundsätzlich in vier aufeinander aufbauenden, sich verdichtenden Schichten angeordnet.

ERGEBNIS: Die Effektivität solcher Systeme hängt im wesentlichen vom Verhalten der Benutzer – korrekte und planmäßige Erfassung und Pflege der benötigten Daten – und der für den Unternehmenszweck sinnvollen Reduktion und Verdichtung der Daten ab.

> Die Subsysteme der MIS dürfen nicht isoliert betrachtet und installiert werden

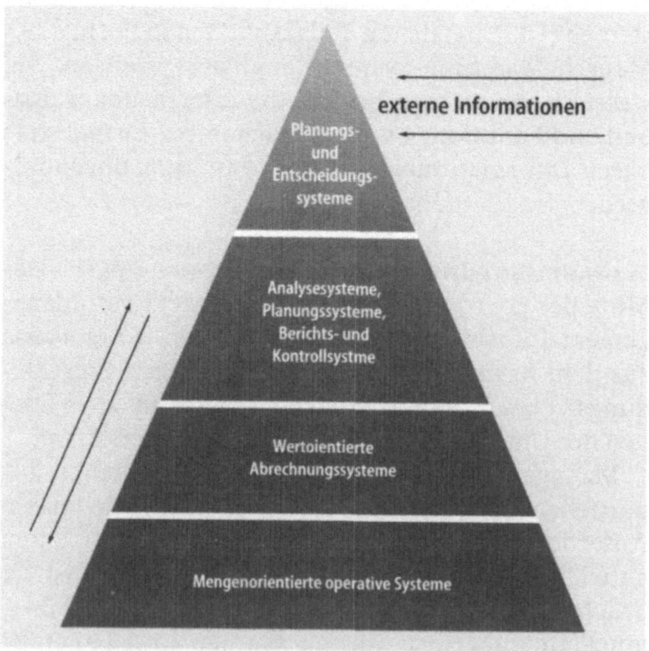

Abb. 16 Informationssystem mit managementorientierten Subsystemen (Quelle: In Anlehnung an Handwörterbuch der Organisation, 1992)

Zusammen mit der Aufbau- und der Ablauforganisation bildet das betriebliche Informationssystem die drei Säulen für zukunftsorientierte Organisationsformen. Auf dem Weg zu einer Prozeßorganisation zeigt das Lean Management organisatorische Veränderungsprozesse in Unternehmen, hierbei zeigten sich in den Produktionsabläufen der Industrie erstmals bauliche Auswirkungen im sogenannten Lean Manufacturing.

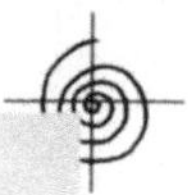

4
Lean Management – Der Weg zur prozeßorientierten Organisationsform

Ziel des Lean Managements ist die Ausrichtung aller unternehmerischen Aktivitäten auf die Schaffung eines Kundennutzens (Customer Value). In diesem Prozeß wird der Mitarbeiter mit seinem Können und seinen Erfahrungen als entscheidender strategischer Schlüssel zum Erfolg betrachtet.

Von Lean Production zu Lean Management

Das Lean Management ist die logische Weiterentwicklung des vom MIT (Massachusets Institute of Technology) in einer umfassenden Vergleichsstudie in der weltweiten Automobilindustrie geprägten Begriffs „Lean Production", der das von Toyota entwickelte Produktionssystem mit schlank und fit kennzeichnete.

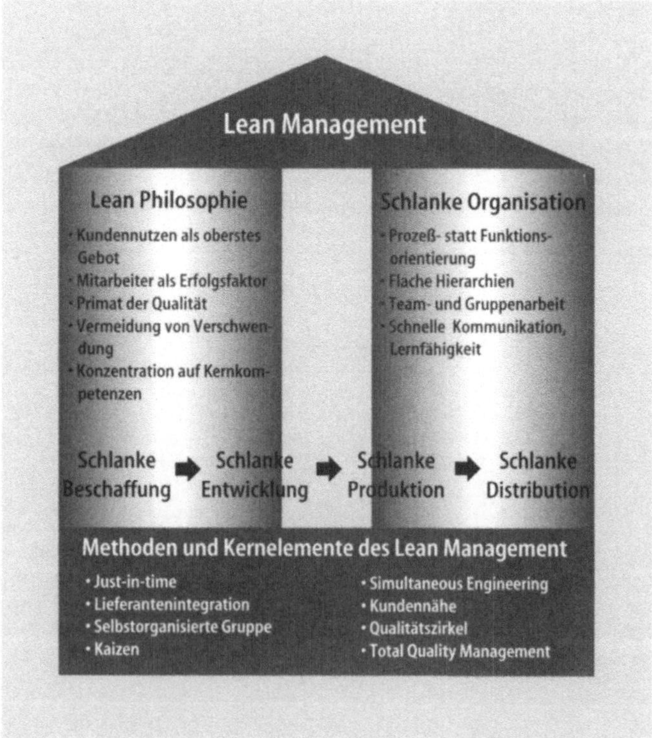

Abb. 17   Lean Management (Quelle: In Anlehnung an Belz, Schögel, Kramer, 1994)

Im Unterschied zu Lean Production umfaßt das Lean Management nicht nur die Fertigungsseite des Unternehmens, sondern ist als ganzheitlich-integriertes Konzept aller Unternehmensbereiche, Funktionen und notwendigen Prozesse zu betrachten mittels Integration der dazugehörigen Kunden- und Lieferantenbeziehungen. Vormals isoliert betrachtete Aufgabenstellungen sollen in einen ganzheitlichen Ansatz einfließen und synergetische Wirkungen erzielen. Hierdurch werden unnötige Arbeitsschritte abgebaut und die Komplexität des Arbeits- und Beziehungsgeflechts wird reduziert.

Das Lean Management orientiert sich auf der organisatorischen Seite an Prozessen und nicht an Funktionen. Kurze Entscheidungswege und effiziente Kommunikation werden über die gesamte Innovations- und Wertschöpfungskette des Unternehmens durch flache Hierarchien und Team- bzw. Gruppenarbeit ermöglicht. Eine angestrebte langfristige Zusammenarbeit zwischen allen Beteiligten bedeutet sowohl die Integration der eigenen Mitarbeiter als auch der Lieferanten und Kunden in die unternehmerischen Entscheidungsprozesse.

ERGEBNIS: Das Lean Management dient den Unternehmen dazu, einen Qualitätsstandard zu etablieren und ermöglicht ihnen, sich auf das Wesentliche, die eigene kundenrelevante und wettbewerbsorientierte Leistung, zu konzentrieren.

Lean Management, in Japan entwickelt und in den USA für den internationalen Markt unter den Begriffen Lean Manufacturing und schließlich Lean Management nutzbar gemacht, erfordert erstmals bauliche Konsequenzen aufgrund organisatorischer Veränderungen. Diese Veränderungen werden unter dem Begriff des Prozeßmanagements im folgenden beschrieben. Im Zuge der Prozeßorganisation wird die Verbesserung der Geschäftsprozesse in den Mittelpunkt gerückt. Diese Verbesserungen werden im allgemeinen als Reengineering bezeichnet.

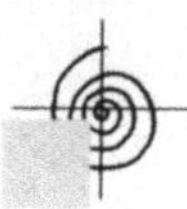

5
Reengineering – der Weg zur Prozeßorganisation zukünftiger Unternehmen

Die Prozesse zur Optimierung der Infrastrukturen werden nachfolgend untersucht. Mit der Wahrung der Unternehmenskultur werden Wege aufgezeigt, Probleme zu erkennen, Qualität zu prüfen und sie in innovativen und kontinuierlichen Prozessen zu verbessern. Angewandt werden hierbei Methoden des Reengineering, diese sollen Unternehmen mittels individueller Modelle in eine Prozeßorganisation führen, um strategische Ziele der Kostensenkung sowie Gewinnsteigerung zu erreichen. Hierbei lautet das Motto „Top down for targets" und „Bottom up for how to do it". Ohne klare Linienverantwortung und präzise Zielvorgaben läßt sich keine Vision realisieren.

Unter Beachtung des Prinzips „Structure follows Process" werden die Prozesse nicht mehr isoliert betrachtet, sondern dienen als Maxime für das Unternehmen. „Process follows Structure" stellt einen veralteten Grundsatz dar und hat in der heutigen Zeit keine wirtschaftliche Berechtigung mehr. Geplante bauliche Reorganisationsmaßnahmen können nur dann erfolgreich sein, wenn der Prozeß die Struktur modifiziert, denn letztendlich spiegelt der Prozeß – und nicht die Struktur – die Wertschöpfung eines Unternehmens wider. „Structure follows Process" wird um die Maxime des maximalen Zielerreichungsgrades erweitert und wird künftig „Structure follows Process follows Strategy" lauten.

5.1
Prozesse definieren

„Ein Prozeß beschreibt den Ablauf, d. h. den Fluß und die Transformation von Material, Informationen, Operationen und Entscheidungen. Geschäftsprozesse sind durch die Bündelung und die strukturierte Reihenfolge von funktionsübergreifenden Aktivitäten

mit einem Anfang und einem Ende sowie klar definierten Inputs und Outputs gekennzeichnet" (DAVENPORT 1993, S.5).

Ein Prozeßsystem besteht aus Ressourcen sowie Wertschöpfungen und produziert Produkte und, oder Dienstleistungen.

Der Prozeß kann in folgenden Stufen festgelegt werden:

- Anforderung an die Leistungserstellung definieren,
- Erwartungen fixieren, Leistungserstellung planen und Ressourcen (Flächen, Gebäude oder Anlagen) bereitstellen,
- Leistungserstellung betreuen,
- Disposition von Produkten, Dienstleistungen und Ressourcen (Flächen, Gebäude oder Anlagen).

Geschäftsprozeß:
- strategische Bedeutung,
- quer zu traditionellen Abteilungen,
- Bilden einer Wertkette zwischen Kunde und Lieferanten

1. GESCHÄFTSPROZESS Geschäftsprozesse eines Unternehmens sind diejenigen, welche die Wettbewerbsfähigkeit sichern. Prozesse sind in diesem Sinne Wertschöpfungsketten, deren Ergebnis strategische Bedeutung hat.

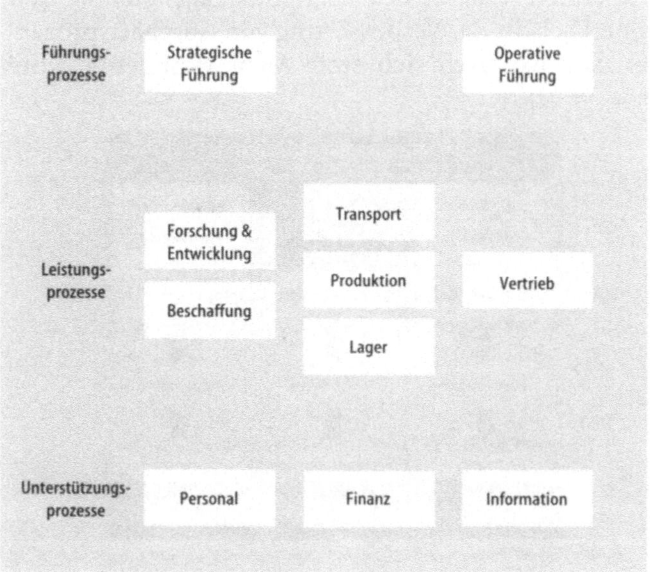

Abb. 18 Prozeßtypologie (Quelle: In Anlehnung an Krüger, 1993)

Leistungsprozeß:
* keine strategische Bedeutung,
* Benchmarks möglich,
* Kandidaten für das Outsourcing (z.B. Wartung und Instandhaltung)

2. Leistungsprozess Leistungsprozesse entlasten die Geschäftsprozesse (Führungsprozesse) (s. Abb. 18), weisen jedoch keinerlei strategische Bedeutung auf. So könnte beispielsweise die Wartung und Instandhaltung eines Unternehmens ein Leistungsgsprozeß sein. Diese Leistungen können im Rahmen des Outsourcings ausgelagert werden, sie eignen sich ebenso für ein Benchmarking, wodurch der „Best in Practice" festgestellt werden kann.

Die Geschäftsprozesse werden somit schlanker und das Unternehmen kann sich auf seine Kernkompetenzen konzentrieren.

5.2
Entwicklung des Reengineering – Verbesserung der Geschäftsprozesse

Reengineering stellt die Verbesserung der Geschäftsprozesse dar. Die Geschäftsprozeßoptimierung bezieht sich hierbei auf die prozeßorientierte Entschlackung vorhandener Ablauforganisationen.

Bestandsaufnahme von Geschäftsprozessen Die ersten Ansätze des Reengineerings stellten den ersten Schritt der Verbesserung von Geschäftsprozessen dar, wodurch sich erste Auswirkungen auf die

Abb. 19   Organisatorische und bauliche Veränderungen

gegenwärtige Unternehmenspolitik zeigten. Bauliche Konsequenzen hieraus sowie die Neuorganisation wichtiger Leistungsprozesse und unternehmensübergreifender Reorganisation blieben davon unberührt.

Bis heute ist der Kenntnisstand darüber, daß das Reengineering ausgeprägt durch flache, dynamische und transparente Organisationsformen ein adäquates, flexibles und kommunikatives bauliches Umfeld benötigt, gering (s. Abb. 19). Reengineering trägt zu einer Verbesserung der Leistungsbereitschaft der Mitarbeiter bei.

Aufgaben des Reengineering

- Aufspüren und Anwenden internationaler Managementmethoden zur Optimierung von Zeit, Kosten und Qualität bei organisatorischen wie baulichen Maßnahmen.
- Steigerung der Effektivität und Effizienz der Mitarbeiter durch ein wirtschaftliches, automatisiertes und komfortableres Umfeld.

Aus einer kritischen Auseinandersetzung mit dem Prozeß und seinen Aufgaben resultieren einige Methoden des Business Reengineering zur Etablierung des Prozeßgedankens.

5.3
Weg des Reengineering

Management- und Benchmarking-Methoden dienen als Indikatoren für Effizienz und Wirtschaftlichkeit sowie der Untersuchung von derzeit verwendeten Geschäftsprozessen. Möglicherweise erfordern sie eine umfassende Reorganisation, um effiziente, kosteneffektive und zeitgerechte Dienstleistungen zu erreichen. Dies trifft vor allem bei der Automatisierung von Prozessen oder Dienstleistungen zu.

Reorganisationsmaßnahmen beginnen zunächst mit der Verbesserung des Geschäftsprozesses, da er in seinem Sinngehalt eine Überprüfung des derzeitigen Geschäftsprozesses und die Empfehlung eines neuen Ansatzes zur Bereitstellung eines Produkts oder einer

Weg des Reengineering:
- kontinuierliche Verbesserung des Geschäftsprozesses
- Verbesserung von Effektivität und Effizienz

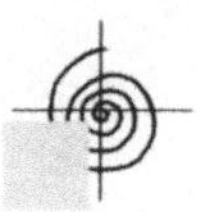

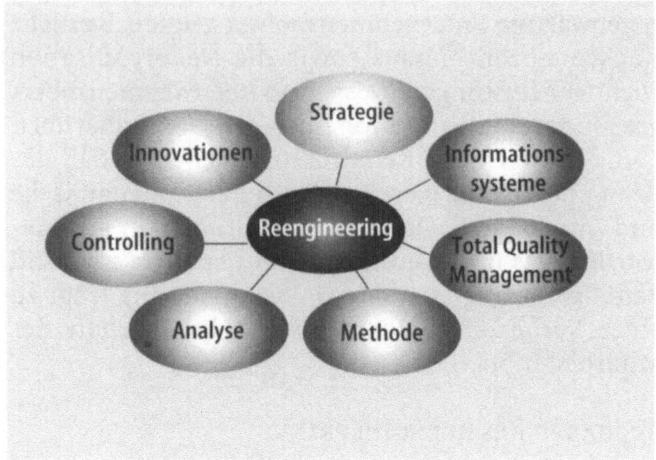

Abb. 20   Business Reengineering

Dienstleistung darstellt. Die Reform des Geschäftsprozesses wird daher als „die innovative und kontinuierliche" Umgestaltung definiert. Positive Auswirkungen in der Verbesserung des Geschäftsprozesses zeigen sich in einer signifikanten Steigerung in der Produktivität und der Kundenzufriedenheit.

Das Ziel der Geschäftsprozeßverbesserung besteht im Ausbau von Effektivität und Effizienz. Sie werden erreicht durch:

- Eliminierung der Bürokratie,
- Eliminierung von repetitiven Arbeiten,
- Feststellung der Nutzensteigerung,
- Prozeßvereinfachung,
- Verringerung der Prozeßzykluszeit,
- Fehlernachweis,
- Standardisierung,
- Beraterpartnerschaften,
- Automatisierung,
- kontinuierliche Kontrolle.

In der schrittweisen Steigerung von Effektivität und Effizienz eines Unternehmens sollten nach der Feststellung der IST-Situation und der Festlegung des SOLL-Zustandes sowie der Auswahl geeigneter Instru-

mentarien zur Umsetzung nun auch das Management bzw. die Organisationsform modifiziert werden. Reengineering vereinigt traditionelle organisatorische Konzepte der Aufbau- sowie der Ablauforganisation mit aktuellen Managementkonzepten (s. Abb. 20).

5.4
Ziel des Reengineering

Die Intention des Reengineering richtet sich auf die Neuordnung der Geschäftsprozesse, um den Kundenbedürfnissen auf dem Dienstleistungssektor auf einem hohen Niveau entgegenzukommen. Dies sollte durch eine teamorientierte Organisationsform und durch umfangreiche Schulungsmaßnahmen erreicht werden.

Die Neuordnung der Geschäftsprozesse ist gekennzeichnet durch:

- Kenntnis und Ausrichtung auf die Bedürfnisse des Kunden,
- erhöhte Professionalität und Effizienz der Leistungserbringung,
- aktive Kommunikation und Vernetzung,
- verstärkte Zusammenarbeit (intern und extern) durch Förderung der Prozeßteamorganisation.

AUFGABE DER PROZESSTEAMS Die Prozeßteams werden eigenverantwortlich mit der Durchführung von Prozessen betraut. Ein Prozeßmanager plant und kontrolliert die Maßnahmen der Umsetzung. Ihm obliegt die Linienverantwotung und er vertritt ebenso die Interessen der Unternehmensleitung.

MERKMALE DES TEAMS
- unterschiedliche Fähigkeiten und hierarchische Stellung,
- „Face-to-Face"-Kontakte,
- gemeinsames Ziel,
- Teamgeist,
- wechselseitige Kontrolle,
- Partizipative Kooperation.

Ziele:
- Ausschöpfung von Verbesserungspotentialen durch die Umgestaltung von Arbeitsabläufen,
- Anpassung der Organisationsstrukturen an die neuen Abläufe,
- Verbesserung der Kundenorientierung,
- Festlegung und Dokumentation von Qualitäts- Zeit- und Kostenstandards in bezug auf die Infrastrukturen

Vorteile nach der Reorganisation:

- Abbau von Schnittstellen und Verringerung der Durchlaufzeit,
- Abflachung der Hierarchie,
- transparentes Controlling,
- Motivation der Mitarbeiter.

5.5
Ergebnis – Prozeßmanagement

Die Reorganisation erfolgt bei der Umsetzung des Prozeßmanagements kreuzfunktional und prozeßorientiert unter Berücksichtigung der Wertschöpfungsketten. Die Infrastruktur-/Leistungsbeziehung, die Unternehmens-/Marktbeziehung und die Kunden-/Lieferantenbeziehung werden in einer ganzheitlichen Prozeßverbesserung, mit der Ausrichtung auf die Ziele, Qualität, Kosten und Zeit einbezogen.

Prozeßmanagement ist immer dann ein geeignetes Instrument, wenn die Wertschöpfungsketten nicht mehr transparent sind, das Unternehmen von seinen Kernkompetenzen nicht mehr profitiert und ein

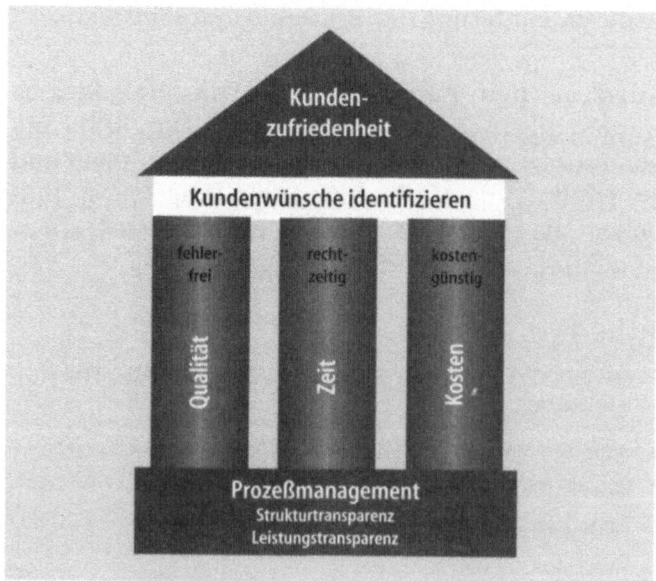

Abb. 21   Prozeßmanagement

Mangel an unternehmerischer Handlungsfähigkeit
besteht. Adäquate Unternehmensprozesse tragen
somit zum nachhaltigen strategischen Wettbewerbs-
vorteil sowie zu dynamischen Kernkompetenzen im
Unternehmen bei. Kernkompetenzen sichern dem
Unternehmen einen unangefochtenen Vorteil.

Tabelle 1   Mangementsysteme im Zeitvergleich

	Gemeinkosten-wertanalyse	Business Reengineering	Prozeß-management
Gegenwart/Zukunft-Beziehung (organisatorische Entwicklung)			kontinuierliche Entwicklung der Kernkompetenzen
Unternehmen/Markt-Beziehung (organisatorische Effektivität)		Ausrichtung der Prozeßleistung an aktuellen Markterfordernissen	Ausrichtung der Prozeßleistung an aktuellen Markterfordernissen
Ressourcen/Leistungs-Beziehung (organisatorische Effizienz)	kostenstellenbezogene Produktivitätssteigerung	Vitalisierung tradierter Geschäftsstrukturen durch Prozeßorientierung	Vitalisierung tradierter Geschäftsstrukturen durch Prozeßorientierung

6
Die Prozeßorganisation

Eine Prozeßorganisation besteht aus einer integrativen Struktur von Arbeitsprozessen und deren Abläufen im Sinne von Wertschöpfungsketten. Sie produziert Dienstleistungen und/oder Produkte (s. Abb. 22). Geschäftsprozesse dienen als Basis für die Optimierung aller nachfolgender Leistungsprozesse in Unternehmen. In diesem Abschnitt wird der Prozeßgedanke näher untersucht und am Modell einer Prozeßorganisation dargestellt.

Geschäftsprozesse herauszuarbeiten ist die Aufgabe des strategischen Managements

Eine Prozeßorganisation beschreibt die Vereinheitlichung und gemeinsame Nutzung von Leistungen und Daten mit kreuzfunktionalen Überschneidungen der Tätigkeitsbereiche, durch Abbau von Schnittstellen und unter der Prämisse, die Prozesse transparent zu gestalten. Grundlagen des Prozeßgedankens bzw. der Prozeßorientierung ist die Erkenntnis, daß alle Aktivitäten, die in einer Unternehmung in Wertschöpfungsketten vernetzt sind und aufeinander einwirken, auf eine Leistungserstellung ausgerichtet sind. Bei der Leistungserstellung handelt es sich um die Lieferung eines Endprodukts.

Zwischen allen Aktivitäten entstehen somit Teilprozesse – Lieferanten-/Kundenbeziehungen –, die in ihrer Gesamtheit den Wertschöpfungsprozeß der Unternehmung abbilden und für alle Beteiligten möglichst rentabel gestaltet sind. Dies bedeutet, daß lediglich Leistungen erstellt werden, denen eine Nachfrage bzw. ein tatsächlicher Bedarf dagegenhalten wird. Somit steht auch jeder internen Leistung mindestens ein – interner und/oder externer – Kunde gegenüber. Hierdurch avanciert neben der externen Marktorientierung auch die interne Marktorientierung zur Grundlage des Prozeßgedankens.

Die konsequente Umsetzung dieses Geflechts von Lieferanten-/Kundenbeziehungen sowie die Grundlage der drei Säulen (Aufbauorganisation, Ablauforganisation und Betriebliche Informationssysteme) einer zukunftsorientierten Organisationsform durch Inbezugnahme der externen Marktteilnehmer bilden

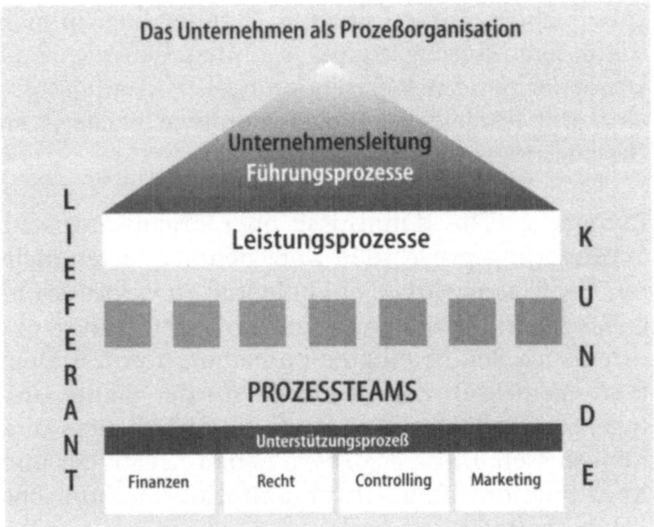

Abb. 22 Die Prozeßorganisation

die Basis für eine effiziente Prozeßorganisation. Bei starken Segmentierungen der traditionellen Organisationsformen in Bereiche und Abteilungen wiederholen sich oftmals wiederkehrende Abläufe bzw. entstehen Parallelarbeiten. In einer IST-Analyse müssen diese und andere Schwachstellen der traditionellen Organisationsformen aufgedeckt und eliminiert werden.

Diese Schwachstellen werden beispielsweise bei der Struktur der Datenverarbeitung besonders deutlich. Die große Zahl der Hard- und Software mit unterschiedlichsten Versionen und Abhängigkeiten erschwert den Aufbau einer klaren Dokumentation im Unternehmen. Die Folgen sind häufig Redundanz und Irregularität der Daten, sowie Kompetenzprobleme bei den Mitarbeitern. Danach werden in der Schwachstellenanalyse alle Vorgänge/Aktivitäten (mit Ausnahme der Zentralabteilungen) als Prozesse erfaßt und als in sich geschlossene Wertschöpfungsketten skizziert und installiert.

Die Ergebnisse dieser Umstrukturierung führen zu flacheren Hierarchien mit geringeren Durchlaufzeiten und teamorientierten Strukturen, in denen neben den auszuführenden Tätigkeiten auch Führungsauf-

IST-Analyse deckt Schwachstellen der traditionellen Organisation auf

gaben übernommen werden. Es entstehen in sich schlüssige, durchgängige, schnittstellenfreie und kundenorientierte Wertschöpfungsketten, mit jeweils eindeutig festgelegten Prozeßverantwortlichen (vom Beschaffungs- bis zum Absatzmarkt).

ERGEBNIS: Die Kenntnisse über organisatorische Veränderungsprozesse in Unternehmen bieten nicht nur den Unternehmen ein Potential an Verbesserungen, sondern gerade im Kontext mit den Infrastrukturen auch den Beteiligten im Planungsprozeß. Dem Planungsprozeß zugeordnet bleibt der Planer und Ingenieur, jedoch mit veränderten Fähigkeiten und Kenntnissen. Diese erfordern neben Kreativität und Koordinationsfähigkeit organisationsmethodische Eigenschaften.

In Kapitel III wird eine Prozeßgestaltung zur infrastrukturellen Reorganisation einer Liegenschaftsabteilung zu einer Immobiliengesellschaft exemplarisch umgesetzt und das Modell der Integralen Infrastrukturplanung vorgestellt.

III Weg

Integrale Infrastrukturplanung – ein praktisches Lösungsmodell

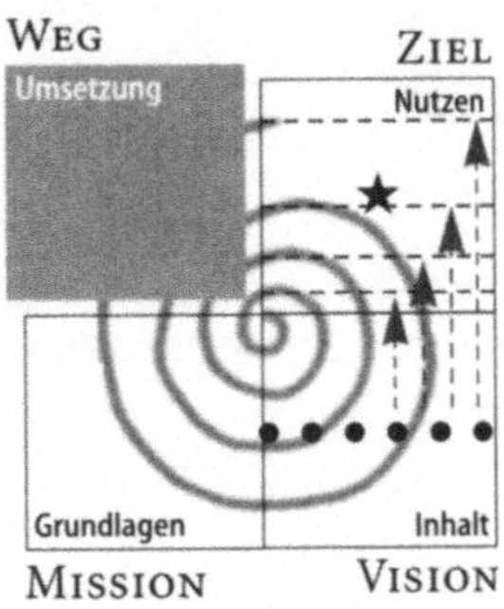

Die Integrale Infrastrukturplanung verbindet die beiden parallel existierenden Ansätze des Corporate Real Estate Managements und des Facility Managements ganzheitlich und interdisziplinär. In der Integralen Infrastrukturplanung basiert die Grundlagenermittlung daher auf einer unternehmensweiten Erhebung der Bestandsdaten in bezug auf die zu untersuchenden Infrastrukturen. Hierbei müssen organisatorische, unternehmenspolitische, wettbewerbsrelevante und technologische Daten erfaßt und geordnet werden.

Die Infrastrukturen werden definiert als:

- organisatorische Infrastruktur (z.B. Informationsbeschaffung, Logistik und Verwaltung),
- wirtschaftliche Infrastruktur (z.B. Controlling),
- technologische Infrastruktur (z.B. technische Versorgung, Verkehrsnetze sowie Informations- und Kommunikationstechniken/-Netzwerke),
- bauliche Infrastruktur (z.B. Liegenschaften, Gebäude und Anlagen).

Integrale Infrastrukturplanung unterstützt unternehmenspolitische und strategische Ziele (z.B. Kostensenkung und Ertragssteigerung) zur Wertsteigerung des Immobilienbestandes, mit Hilfe der vorhandenen Ressourcen (Mensch und Mittel). Hierbei werden organisatorische, wirtschaftliche, technologische und bauliche Rahmenbedingungen in einen ganzheitlichen Prozeß integriert.

Voraussetzung für einen Wandel in der Immobilienbetrachtung ist eine vernetzte Prozeßgestaltung

Infrastruktur bezeichnet den wirtschaftlichen und organisatorischen Unterbau einer hochentwickelten Anlage (Liegenschaft, Gebäude und Anlagen)

der immobilienrelevanten Prozesse über den gesamten Lebenszyklus der Infrastrukturen (Liegenschaften, Anlagen und Bauten). Die Faktoren Mensch, Arbeitsweise und Arbeitsumfeld sollen durch gezielte Maßnahmen zur Erhöhung ihres Wirkungsgrades führen. Nicht durch oktroyierte Konzepte, sondern mit Hilfe konsequenter und individueller Beratung können Unternehmen diese Ziele erreichen.

Immobilien repräsentieren vor allem den Nutzwert, der ihnen zugemessen wird

Immobilien als ökonomisches Produkt repräsentieren nicht nur das physische Gebäude bzw. die gebaute Nutzfläche, sondern vor allem die Nutzwerte, die diesen Immobilien zugemessen werden. Diese Nutzwerte sind für den Kunden (Mieter und Betreiber) Ressourcen, welche in der Erfolgsrechnung eines Unternehmens von großer Bedeutung sind. Bei dieser Betrachtung der Immobilieninfrastruktur müssen zunächst innerbetriebliche Abläufe geprüft und optimiert werden. Im Zuge dieser Maßnahmen wird die Belegschaft zum zentralen Faktor. Motivation und Kommunikation als Kernaussage werden in internen Lernprozessen der Belegschaft vermittelt, denn nur wer mit Begeisterung für den Wandel einsteht, sich als integrierter Bestandteil begreift, wird unternehmerisches Denken lernen und Veränderungen akzeptieren.

Diese Prozesse müssen unter der kritischen Analyse bestehender Organisationsformen in die vorhandenen Unternehmensstrukturen eingebunden werden. Gleichfalls muß die Infrastruktur Immobilie, Liegenschaft bzw. Anlage einer kritischen Untersuchung unterliegen. Beurteilt werden Überlegungen zur Funktionalität, Flächenproduktivität und Flexibilität, bezogen auf Nutzungsänderungen sowie Flächenaufteilung bei möglicher Weiterveräußerung, ob Verkauf, Vermietung oder Verpachtung.

1
Ziele der Integralen Infrastrukturplanung

Der Wandel im Management (Kunden-Lieferanten Beziehung) setzt voraus, daß alle Beteiligten, insbesondere die Mitarbeiter, diese Veränderungen verstehen, akzeptieren und schließlich motiviert umsetzen. Ebenso muß die Zuordnung der räumlichen Gegebenheiten, ob in Fabrik- oder Verwaltungsgebäuden, auf diese Modifikationen abgestimmt und/oder neu organisiert werden. Die baulichen Maßnahmen sollten bei strategischen Überlegungen berücksichtigt und mit dem Planer abgestimmt werden.

Während der Bilanzwert einer Anlage im Laufe der Betriebszeit sinkt, steigt der Verkehrswert (Wert der Anlage: Immobilie, Produktivität sowie Produktionsanlagen). Folglich ist das Für und Wider bei der Überlegung zur Neuanschaffung von Gebäuden der wesentlich kürzeren Abschreibung beim „Updaten" der alten Produktionsanlagen gegenüberzustellen. Eine gezielte bauliche Reorganisation ist oftmals wirtschaftlicher als eine Neuanschaffung. Alternativ sollte aber auch der Abriß eines bestehenden Gebäudes innerhalb einer Liegenschaft und die Errichtung eines neuen Gebäudes an dieser Stelle untersucht werden.

Die räumlichen Gegebenheiten werden zur betrieblichen Immobilie, die ihrerseits als strategischer Erfolgsfaktor dem Unternehmenserfolg dient. Die Ressource Immobilie trägt folglich ihren Teil dazu bei, Produkte und angebotene Dienstleistungen erfolgreich auf dem Markt zu positionieren

Die bisherigen Verantwortungsbereiche, in der Regel Bau- oder Liegenschaftsabteilungen der Unternehmen, sollen durch vernetztes planerisches und betriebswirtschaftliches Handeln den Immobilien einen markt-, kundengerechten sowie unternehmerischen Wert zuführen. Hierfür ist es notwendig, die tradierten Strukturen in den Bau- und Liegenschaftsabteilungen aufzulösen und sie prozeßorientiert zu reorganisieren. Erst wenn Bau- und Liegenschaftsabteilungen zu profitorientierten, eigenständig agierenden Unternehmen modifiziert werden – sie also zu einer Immobiliengesellschaft mit definierter Immobilienverantwortung werden –, ist die Voraussetzung für diesen Wandel geschaffen.

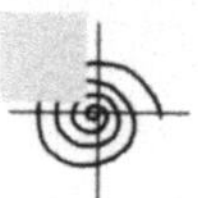

2
Verantwortungsbereiche der
Integralen Infrstrukturplanung

Die nachfolgenden Verantwortungsbereiche werden in der Integralen Infrastrukturplanung definiert.

2.1
Asset Management

Asset Management beschreibt das Verwalten und Führen der Vermögenswerte; von eigenen, gemieteten, oder untervermieteten Liegenschaften. Darin enthalten sind Grundstücke, Gebäude, Anlagevermögen sowie rechtliche Verpflichtungen für die Eigentümer, Entwickler oder Vermieter.

2.2
Baumanagement

Das Baumanagement ist für die Planung und Ausführung der Bauprojekte verantwortlich. Dem Baumanagement werden Aufgaben zur Reorganisation bestehender Infrastrukturen, Neuplanungen sowie Rückplanungen zuteil.

2.3
Facility Management

Die Aufgabe von Facility Management ist es, Qualität (technologische- und arbeitsplatzbezogene Qualität) zu erreichen. Facility Management hat das gewinnorientierte Betreiben von Unternehmensliegenschaften zum Inhalt. Facility Management beinhaltet kosteneffektive Dienste innerhalb des Unternehmens zur Unterstützung des Geschäftszieles – „die Beratung von Menschen und Arbeitsabläufen" anstelle der ausschließlichen isolierten Betrachtung des physischen Arbeitsplatzes.

Diese Aufgaben der Integralen Infrastruktur werden in Kapitel IV an einem praktischen Beispiel erläutert. Zuvor wird der Verantwortungsbereich, die

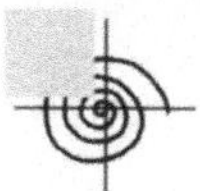

Reorganisation einer Liegenschaftsabteilung zu einer Immobiliengesellschaft in einem Projektbeispiel erläutert.

Das Modell zur Prozeßgestaltung infrastruktureller (wirtschaftlicher, organisatorischer, technologischer und baulicher) Reorganisationsmaßnahmen basiert auf der Methode zur Feststellung der Wertschöpfung bestehender und neu zu gestaltender Prozesse. Hierbei werden Marktbedingungen (z.B. Nutzungsanforderungen an markt- und kundengerechte Immobilien), beteiligte Geschäftsfelder (z.B. Liegenschaftsabteilung, Marketing, Einkauf und Controlling) sowie die strategische Zielsetzung (Kostensenkung im Gesamtunternehmen sowie zu erwirtschaftende Kapitalrendite im Bereich der Immobilien) der Unternehmensleitung hinsichtlich organisatorischer Veränderungen und neuer Geschäftstätigkeiten untersucht.

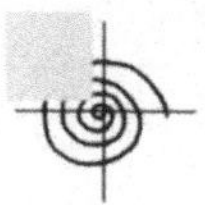

3
Prozeßgestaltung zur infrastrukturellen Reorganisation

Ein Modell zur Ausarbeitung eines individuellen Leitfadens für die Reorganisation einer Liegenschaftsabteilung

Um eine optimale Wertschöpfung im Bereich der Infrastrukturen zu erzielen, werden die in diesem Buch vorgestellten Planungs- und Managementmethoden sowie das Reengineering angewandt. Ziel ist es, eine Verbesserung der Geschäftsprozesse zu erreichen. Für die Bestimmung der Wertschöpfung wird eine Wertschöpfungsanalyse durchgeführt.

3.1
Wertschöpfungsanalyse

Die Wertschöpfungsanalyse ist ein organisatorischer und kreativer Ansatz, der einen wirtschaftlichen und organisatorischen Gestaltungsprozeß mit dem Ziel der Wertsteigerung der Infrastrukturen und/oder Produkte und Dienstleistungen zur Anwendung bringt.

Das Analyseobjekt kann ein bestehendes oder in der Planung befindliches Produkt sein (z. B. notwendige bauliche Reorganisationsmaßnahmen oder Neuplanungen sowie Bedarfsplanungen).

Ziel der Wertschöpfungsanalyse:
- Produkte mit Leistungen ausstatten, die Nutzer bzw. Kunden wünschen,
- Ressourcenausstattung der Organisation, der Kunden sowie der Infrastrukturen.

3.2
Der Planer

Vom Planer werden generalistische Fähigkeiten erwartet. Der integrierte, beratende Planer sollte über organisatorisches, wirtschaftliches und technologisches Basiswissen verfügen. Unterstützend hilft er in der Projektphase als Promotor. Bei der Implementierung wirkt der Planer in der Rolle des Moderators

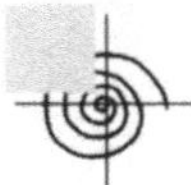

mit. Der Beitrag des Planers hilft Widerstände, „Betriebsblindheit" sowie Motivations- und Kommunikationsprobleme zu überwinden.

In seiner Rolle ist der integrierte, beratende Planer nicht Garant und Lieferant fertiger Konzepte. Er erarbeitet die Lösungsansätze gemeinschaftlich mit den Beteiligten. Der Planer bildet in diesem Prozeß das Bindeglied zwischen Investor (Lieferant) und Nutzer (Kunde) und gewährleistet den beiderseitigen Nutzen bei der baulichen Umsetzung organisatorischer, wirtschaftlicher und technologischer Prämissen.

3.3
Das Projekt

1. PROJEKTMANAGEMENT Das Projektmanagement stellt das erforderliche Instrumentarium für die Durchführung bereit:

- *Ziele, Aufgaben:* Gewährleistung der Wirtschaftlichkeit, Schaffung von Transparenz bei der Projektabwicklung hinsichtlich Verantwortlichkeit, Kosten, Terminen und Qualität.

- *Durchführung:* Kontrolle mit SOLL-IST- Vergleichen, Abweichungsanalysen, Dokumentation, Festlegung der Projektorganisation.

- *Methoden und Instrumente:* Methoden zur Optimierung von Qualität, Kosten und Zeit, Reengineering, Arbeitsmittel wie Netzplantechnik sowie Hilfsmittel wie unterstützender Datenverarbeitungseinsatz.

Ein Projekt ist eine zeitlich befristete, innovative und risikobehaftete Aufgabenerfüllung. Es ist gekennzeichnet durch erhebliche Komplexität, die aufgrund ihrer Schwierigkeit und Bedeutung meist ein gesondertes Projektmanagement erfordert

2. PROJEKTORGANISATION Die Projektorganisation ist eine spezielle temporäre Organisationsform für die Dauer des Projekts. Ihre Notwendigkeit ergibt sich aus der Tatsache, daß die bestehende Linienorganisation (meist Fachabteilungen) für die Erfüllung ihrer Fachaufgaben optimiert wurde, jedoch nicht vorbereitet ist auf die Führung neuartiger, fachübergreifender Vorhaben. Ebenso fehlt ihr auch die nötige Flexibilität, um bei Problemen und Maßnahmen entsprechend rasch zu reagieren.

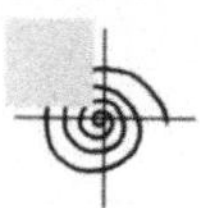

Die Projektorganisation ist durch folgende Kennzeichen geprägt:

- einfach,
- flexibel,
- endlich,
- rasch reaktionsfähig,
- erleichtert und fördert interdisziplinäre Zusammenarbeit,
- direkte Kommunikation (intern und extern),
- aktiviert den internen Leistungsbedarf an Humanressourcen.
- *Voraussetzungen:*
  - vereinbarte Termine werden eingehalten,
  - zusätzliche Beteiligte nehmen nur auf ausdrückliche Einladung teil,
  - Protokoll und Moderation im Team rotiert,
  - entsprechender Einsatz von Formularanwendungen,
  - einstimmige Beschlußfähigkeit,
  - jeder hat die Möglichkeit der konstruktiven Meinungsäußerung (Ich-Form).

Das Einrichten einer Projektorganisation erleichtert den Übergang von bisherigen abteilungsorientierten Organisationsstrukturen hin zu einer prozeßorientierten wertschöpfenden Organisationsform.

Für das folgende Beispiel der Reorganisation einer Liegenschaftsabteilung zu einer Immobiliengesellschaft wird eine Matrix-Projektorganisation gewählt.

Vorteile der Matrix-Projektorganisation (s. Abb. 23):
- Projektleiter und Team erhalten weitgehende Verantwortung für die Reorganisation.
- Der Projektleiter erhält eindeutige Verantwortung für das Projekt.
- Ein flexibler Ressourceneinsatz (Personal, Sachmittel) ist möglich.

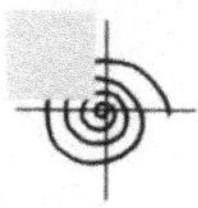

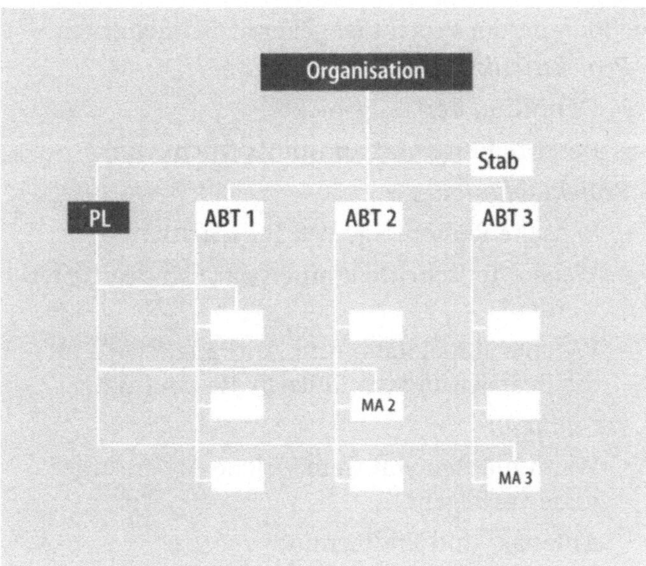

Abb. 23 Matrix-Projektorganisation

- Ganzheitliches Denken und Handeln wird gefördert.

Nachteile der Matrix-Projektorganisation:
- Es besteht die Gefahr von Kompetenzkonflikten.
- An die Informations- und Kommunikationsbereitschaft der Beteiligten werden hohe Anforderungen gestellt.

3. Projektplanung Bei der Projektplanung müssen in der Planungsphase einzeln festgelegte Plandaten häufig durch neue Erkenntnisse in den nachfolgenden Planungsschritten verändert werden. Der Planungsprozeß selbst ist wiederum Bestandteil des Projekts.

Planung ist kein statischer, sondern ein dynamischer Prozeß

Projektplanung bedeutet:
- das zukünftige Vorhaben im Projekt zu realisieren,
- den Weg zwischen Vision und Ziel systematisch zu begehen,
- das Ziel mit den zur Verfügung gestellten Mitteln erreichen.

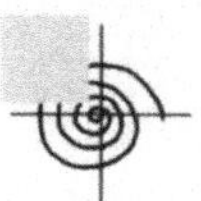

Die Planung im Projekt ist gekennzeichnet durch:

- *Projektstrukturplan*
  - Definition der Teilprojekte,
  - Beschreibung, was zu tun ist (nicht wie),
- *Projektablaufplan*
  - logische Reihenfolge der Teilschritte,
  - Welche Teilschritte können parallel bearbeitet werden?
  - Welcher Kapazitäts- und Zeitbedarf wird für die Bearbeitung der Teilschritte benötigt?
- *Terminplan*
  - Wann müssen von wem welche Arbeitsergebnisse vorliegen?
  - Anfangs- und Endtermin,
  - eventuelle Pufferzeiten einplanen,
  - Verantwortliche und Beteiligte (die Daten können in Balkendiagrammen und Tabellen dargestellt werden).
- *Kapazitätsplan*
  - Wieviel Personal und Sachmittel werden benötigt?
- *Kostenplan*
  - Wieviel Geld ist für welche (Teil-)Schritte bereitzustellen?
- *Qualitätsplan*
  - Qualität muß geplant, kontrolliert und gesichert sowie kontinuierlich verbessert werden,
  - meßbare Ergebnisdokumentation,
- *Risikoanalyse*
  - Beurteilung, welche Risiken auftreten können,
  - Alternativen und Notfallpläne.

3.4
Das Projektbeispiel

In einem Fallbeispiel wird ein Industrieunternehmen aus dem Produktionsbereich der Metallverarbeitung, mit folgenden Kennzahlen betrachtet:

- Umsatz/pa: 1,5 Milliarden DM
- Gewinn/pa: 70 Millionen DM
- Instandhaltungskosten/pa: 100 Millionen DM (alle Sachanlagen)
- Grundstücksflächen: 480 000 m^2
- Gesamtfläche Immobilien: 300 000 m^2
  - Fertigung   35%
  - Lager   23,5%
  - Administration   12,5%
  - Restflächen   29%
- Organisationsform: funktionale Organisationsform mit produktbezogener Stabstelle
- Liegenschaftsabteilung mit 25 Mitarbeitern (Ingenieure und Techniker).

Die Unternehmensleitung beschließt, Maßnahmen zur Erhöhung der Rendite zu ergreifen. In diesem Kontext sind die Liegenschaften ein wesentlicher Faktor. Die in den Liegenschaften befindlichen Flächen müssen auf ihre Wertschöpfung hin untersucht werden. Zusätzlich ist der Leerflächenüberhang zwischenzeitlich sehr groß geworden. Diese Flächen sind jedoch durch eine sehr wertvolle Lage ausgezeichnet. Die Unternehmensleitung legt fest, daß die überschüssigen Flächen zu veräußern oder nach einer Qualitätsprüfung neuen Nutzungen, sowohl intern als auch extern, zuzuführen sind. Bei dieser Gelegenheit werden die gesamten Flächen bzw. Immobilien auf ihre Qualität und Nutzbarkeit hin untersucht.

Aus diesem Grund soll ein Projekt durchgeführt werden, welches die bisherige Liegenschaftsabteilung in eine selbständige und gewinnorientierte Immobiliengesellschaft führt.

> Die Renditeerhöhung in den Infrastrukturen hängt wesentlich von der Organisation der Liegenschaften ab

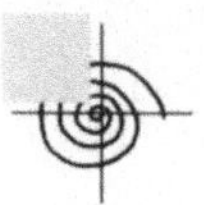

In einer Konzeptionsphase legt die Unternehmensleitung folgenden Weg fest:

Hauptschritte	Beispiel
Vision	Reorganisation der ehemaligen Liegenschafts-abteilung zu einer Immobiliengesellschaft mit der Aufgabe der Planung und Reorganisation von Infrastrukturen. Betriebswirtschaftliches Bauen integriert wirtschaftliche (Wertsteigerung, Shareholder Value, Kostensenkung), organisatorische (Produktivität, Motivation) sowie technologische (Energie, Umwelt) Maßnahmen. • Bereitstellung von markt- und kundengerechten Flächen. • Betreiben und Instandhalten der Sachanlagen. • Umbauten, Erweiterungen und Verbesserungsmaßnahmen bestehender Anlagen. • Planung und Neubau. • Verkauf, Vermietung und Verpachtung von Infrastrukturen.
Mission	Errichtung eines zukunftsweisenden selbständigen Unternehmens mit dem Ziel, die Infrastrukturen wertschöpfend und wertsteigernd zu reorganisieren.
Ziel	Gründung einer Immobiliengesellschaft, der die Flächen und die Flächenverantwortung übertragen werden

Auf das künftige Unternehmen wirken die in Abb. 24
aufgeführten Randbedingungen und Einflußfaktoren
ein.

Folgende monetären Fragen stellt sich die Unternehmensleitung in bezug auf die Kapital- und Mit-
telplanung:

• Wieviel Kapital sollte das Unternehmen jährlich
  in die Liegenschaften (Reorganisation, Umbau,
  Abbruch, Neubau) investieren?

• Wie ist der Kennzahlenvergleich der
  Liegenschaften im Vergleich zu Konkurrenten

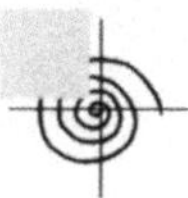

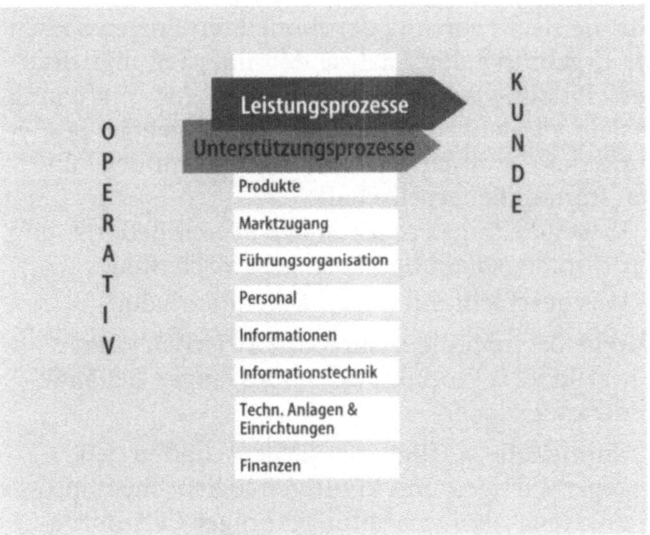

Abb. 24   Modell eines Geschäftsprozesses

(Kosten zu Wartung/Instandhaltung, Mieten, Personalkosten pro Arbeitsplatz)?

- Welcher Deckungsbeitrag und/oder Umsatz wird durch die Immobilien erwirtschaftet?

- Wie erfolgreich ist die derzeitige Nutzung in den Immobilien in bezug auf eventuelle Alternativnutzungen?

- Verhalten sich die Immobilien zur strategischen Planung, zur Verfügbarkeit von Rohstoffen, zur kosteneffektiven Arbeitsleistung und zu den geplanten Märkten und Kunden effizient?

- Werden neue Immobilien größere Wettbewerbsvorteile bieten als reorganisierte bestehende Anlagen?

- Lassen sich durch gezielte Reorganisationsmaßnahmen in den Infrastrukturen Marktwert und Marktwachstum steigern?

- Wie erzielt man Ergebnisbeiträge aus der wirtschaftlichen Nutzung der Liegenschaften?

- Sollte das Unternehmen in das nicht betriebsnotwendige Vermögen (Immobilien) investieren, um die Produktivität zu steigern?

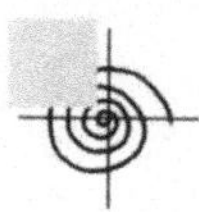

Für die Beantwortung der monetären Fragen sollten die Ergebnisse der Analyse den internen und externen Finanz- und Rechtsexperten zur Verfügung gestellt werden. Dies gilt auch für die genaue Festlegung der Gesellschafts- und Rechtsform der künftigen Immobiliengesellschaft.

Folgende Fragen ergeben sich bei der Bedarfs- und der Nutzungsplanung in den Liegenschaften:

- Was geschieht mit dem Flächenüberhang?

- Wie löst man die Diskrepanz zwischen kürzer werdenden Produktzyklen und langer Gebäudenutzungsdauer?

- Können die verfügbaren Liegenschaften den gegenwärtigen und künftigen logistischen-, produktions- und verwaltungsbezogenen Anforderungen gerecht werden?

- Wieviel Platz ist erforderlich, um eine Projektplanung (Neubau oder Umbau) an einem bestimmten Standort in einem bestimmten Geschäftsbereich durchzuführen?

- Welche Arten nützlicher Standards (z. B. Gebäudetiefe, Stützraster, Gebäudehöhe, Arbeitsplatzkosten pro m^2 und Arbeitsplatz) können entwickelt werden, um die Nutzung zu messen, z. B. Gewinn in pro m^2 Hauptnutzfläche?

Weitere Fragen ergeben sich in Hinblick auf die bisherige Struktur der Liegenschaftsabteilung:
- Welche Aufgaben wurden von der Liegenschaftsabteilung bisher erfüllt?
  - Wie ist die Qualifikation der Mitarbeiter heute?
  - Wie sind die Hilfsmittel momentan gestaltet?
- Wie sieht die aktuelle Dokumentation der Liegenschaften aus?
- Wie wird die Qualität der Liegenschaften, Mitarbeiter und Produkte/Leistungen gemessen?

Die Kombination aus den o.g. Fragen wird in der nachstehenden Wertschöpfungsanalyse dokumentiert. Diese zeigt den Übergang von einer Liegen-

schaftsabteilung zu einer gewinnorientierten Immobiliengesellschaft. Sie hat das Ziel, Kundenwünsche (der internen und externen Kunden) zu realisieren, d.h. markt- und kundengerechte Flächen bereitzustellen.

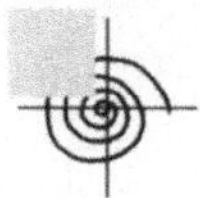

4
Wertschöpfungsanalyse

4.1
Phase 0 – Organisation des Projekts

Der Start eines Projekts setzt die Erkenntnis seitens der Unternehmensleitung voraus, daß organisatorische und wirtschaftliche Schwachstellen existieren sowie die Absicht, diese zu eliminieren.

Meist befassen sich ein kleiner Kreis von Führungskräften aus den Fachabteilungen sowie externe Berater mit der vorhandenen Problemstellung.

Hauptschritte	Beispiele
1. Projektanalyse	
Hierbei ergibt sich folgende Fragestellung: • Was ist die Ursache für das Projekt? • Wie hoch ist die Aktualität der Ursache? • Was für eine Bedeutung hat das Projekt für das Unternehmen? • Wie groß ist der Umfang des Projekts?	
In der Projektanalyse wird der Projektablauf definiert:	Der Anlaß für die geforderte Reorganisation liegt in der Forderung der Geschäftsleitung, unternehmenseigene Immobilien wertschöpfend einzusetzen.
• Aufgabendefinition	Bisherige Aufgaben der Liegenschaftsabteilung: Wartung und Instandhaltung der Anlagen, Umbauten realisieren sowie Dokumentationen erstellen. Sie brachten der Geschäftsleitung bisher keinen meßbaren Erfolg. Kostendruck und Rationalisierung sind gegenwärtig die einzigen Randbedingungen.
• Zielvorgabe	1. Als *strategische Zielvorgabe* wird die Planung und Reorganisation der Liegenschaftsabteilung in eine selbständige Immobiliengesellschaft festgelegt, um eine Kostensenkung in den Liegenschaften zu erreichen und eine höhere Rendite zu erwirtschaften.

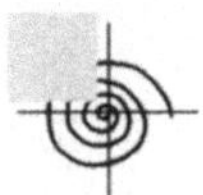

Hauptschritte	Beispiele
	2. Die operative Zielvorgabe hat folgende Punkte zum Inhalt: • markt-, kunden- und termingerechte Bereitstellung von Flächen- und Raumangebot für den internen und externen Kunden, • Betreiben, Instandhalten und Warten dieser Anlagen (Logistik, Produktion, Administration usw.), • Umbauten, Erweiterungen und Verbesserungsmaßnahmen bestehender Anlagen durchführen, • Planung und Neubau, • Verkauf, Vermietung und Verpachtung von Infrastrukturen.
• Projektstruktur (Festlegen der Grobstruktur des Phasenplans)	In der *Projektstruktur* werden die Phasen des Projektes festgelegt: *Phase 0 – Organisation des Projektes* • Projektanalyse, • Projektplanung, • Projektentscheidung, • Projektdurchführung. *Phase 1 – IST-Aufnahme* • Quellen, • Techniken, • Aufgaben, • Dokumentation. *Phase 2 – IST-Analyse* • Analyse der Arbeitsabläufe, -verfahren und Tätigkeiten, • Analyse der Personalsituation, • Analyse der Infrastrukturen (organisatorisch, wirtschaftlich, technologisch und Immobilien). *Phase 3 – Prozeßgestaltung* • Grobentwurf der Infrastruktur (organisatorisch, wirtschaftlich, technologisch und Immobilien), • Alternativen ermitteln, • Ausarbeitung, • Maßnahmenentscheidung, • Detailentwurf. *Phase 4 – Implementierung* • Vorbereitung der Implementierung, • Anlauf der Maßnahmen, • Maßnahmenkontrolle.

Hauptschritte	Beispiele

2. Projektplanung

Folgende Maßnahmen sind vor Anlauf des Projekts zu klären:
- Personalplanung (qualitativ und quantitativ),
- Sachmittelplanung,
- Terminplanung,
- Kontrollplanung,
- Kostenplanung.

In der Projektplanung wird ein interdisziplinär arbeitendes Projektteam aus Mitarbeitern der Liegenschaftsabteilung sowie Mitar-beitern der zentralen Bereiche Marketing, Controlling, Datenverarbeitung usw. zusammengestellt. Der Planer wird unterstützend als Berater in das Team integriert, er ist Katalysator und Promotor des anstehenden Projekts. Sachmittel, Termine und das Budget für das Projekt werden mit der Unternehmensleitung ermittelt.

3. Projektentscheidung

Die Projektentscheidung erfolgt in der Regel durch die Unternehmensleitung. Folgende Techniken können hierzu angewandt werden:
- Entscheidungsbilanz,
- Kostenvergleichsrechnung,
- Nutzwertanalyse.

Nach der Entscheidung erfolgt eine schriftliche Definition in Form eines Projekt- bzw. Organisationsauftrages mit folgendem Inhalt:
- Auftragsanlaß,
- Auftragsbeschreibung,
- Auftragsmittel,
- Auftragsdurchführung.

4. Projektdurchführung

Zur Projektdurchführung bedarf es der Steuerung, Kontrolle und Organisation des Projektes (Steuerungsteam). Hier erhält der beratende, integrierte Planer eine Bindegliedfunktion zwischen Steuerungs- und Projektteam.

Intern wird für die Projektdurchführung eine Matrix-Projektorganisation gebildet. Ausschließlich der Projektleiter ist für das Projekt verantwortlich.

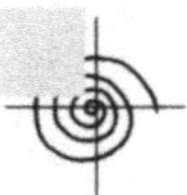

4.2
Phase 1 – IST-Aufnahme

Ziel der IST-Aufnahme ist neben der Ermittlung des IST-Zustandes (der vom Projekt betroffenen Bereiche) auch die Ermittlung der Schwachstellen, Forderungen und Verbesserungsvorschläge der betroffenen Bereiche sowie der Unternehmensleitung.

Bestandteile sind: Quellen, Techniken, Aufgaben und Dokumentationen.

Hauptschritte	Beispiele
1. Quellen • Mitarbeiter • aktuelle Dokumentation • Arbeitsmittel	
2. Techniken • Interviews • Dokumentationsauswertung • Fragebogentechnik • Konferenzen • Arbeitsberichte usw.	
3. Aufgaben *IST-Aufnahme* zur Ermittlung der Gegebenheiten in der Liegenschaftsabteilung. Bezogen auf die bisherigen Aufgaben, z. B. Wartung und Instandhaltung, Umbauten in den Liegenschaften realisieren sowie Dokumentationen erstellen, werden Mitarbeiter befragt, Dokumentation aufgenommen und Arbeitsmittel festgestellt.	Mitarbeiter: • Anzahl der Mitarbeiter, • Mitarbeiterqualifikation (Qualifikation, Erfahrung, Aufgabenstellung, Soziale Aspekte), • Arbeitsablauf (Arbeitsgänge, Reihenfolge, Arbeitsplätze – Eingang/Verarbeitung/Ausgang), • Arbeitszeiten (Arbeitszeiten, Durchlaufzeiten, Frequenzen, Zeitpunkte), • Daten und Arbeitsergebnisse, • Arbeitsverfahren, • Arbeitsmengen (quantitative Betrachtung), • Kosten (verursachte Kosten für bestehende Programme und Systeme, Organisation, Abteilung).

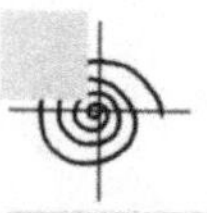

Hauptschritte	Beispiele

Aktuelle Dokumentation:
- Dokumentation der internen Organisation (Abteilung),
- Arbeitsanweisungen,
- Stellenbeschreibung,
- Organisationspläne,
- Auftragsflußpläne,
- Dokumentation der internen wirtschaftlichen Situation (jährliches Budget für Bau- und Umbaumaßnahmen, Wartung und Instandhaltung, Dokumentationen),
- Dokumentation der Liegenschaften (Bestand und technologische Situation),
- Dokumentation der Abläufe.

Arbeitsmittel:
- CAD-System und Datenbank (Flächenverwaltung und Dokumentation),
- Formulare,
- Listen (z. B. manuelle Listen, DV-Listen),
- DV-Umgebung (z. B. Einzelplatzrechner für CAD, Netzwerk für Auftrags- bzw. Belegfluß).

4. Dokumentation

Die bei der IST-Aufnahme gewonnenen Erkenntnisse müssen abschließend schriftlich festgehalten werden. Folgende Techniken sind hierbei möglich:
- Tabellen,
- Diagramme,
- Datenflußpläne/Ablaufpläne,
- Kommunikationsmatrizen und -netze.

4.3
Phase 2 – IST-Analyse

Erst wenn die Ergebnisse vorliegen, können die ermittelten Schwachstellen mit Hilfe eines neuen Systems oder neuer Organisationsformen beseitigt werden. Die in der IST-Analyse verwendeten Verfahren lassen sich grundsätzlich dahingehend unterscheiden, ob sie umfassend eingesetzt werden können oder ob mit ihnen nur Teilaspekte untersucht werden können. An dieser Stelle sollten die Managementmethoden und das Qualitätsmanagementsystem festgelegt werden:

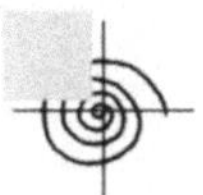

- Verfahren der Geamtanalyse (Grundlagenanalyse, Checklisten, Kennzahlen),
- Verfahren der Teilanalyse (Wirtschaftlichkeitsrechnung, ABC-Analyse, Entscheidungstabellenanalyse, Kommuni-kationsanalyse, Datenmatrixanalyse).

Hauptschritte	Teilschritte	Beispiele
1. **Analyse der Arbeitsabläufe, Arbeitsverfahren und Tätigkeiten**	Die einzelnen Abläufe und Tätigkeiten werden systematisch in Hinblick auf ihre Zielführung untersucht. Hierbei werden die Ursachen der Schwachstellen bezogen auf die Zielsetzung festgestellt. Schwachstellen im Arbeitsablauf entstehen durch: • traditionelle gewachsene Arbeitsabläufe, • unzureichende Informationsbereitstellung, • doppelte und wiederholte Erfassung/Bearbeitung derselben Informationen, • zeitliche Engpässe, • räumliche Unzulänglichkeiten, • materielle und finanzielle Engpässe, • technologische Engpässe.	Ursachen für Schwachstellen: • Hohe Anzahl von Schnittstellen: Die Auftragsabwicklung läuft über zu viele Stellen. Daten sind z.T. doppelt erfaßt, oder liegen nicht am richtigen Ort vor. • Starke Stellung der Vorgesetzten: Neue Ideen treffen auf Widerstand. Die Mitarbeiter erhalten keinen Anreiz und reagieren motivationslos. • Verlust des Dienstleistungsgedankens: Die Liegenschaftsabteilung ist träge geworden. Die Ursache liegt in gewachsenen abteilungsorientierten Organisationsstrukturen und -abläufen. Die Liegenschaftsabteilung ist durch ihre starke Spezialisierung auf bauliche Maßnahmen in der jetzigen Organisationsform nicht in der Lage auf die Forderungen des Marktes, der Kunden und schließlich der Unternehmensleitung zu reagieren. • Veraltete Dokumentations- und Datenverarbeitungsmethoden: Auch bei teilweise vorhandener IST-Aufnahme der Flächen fehlt die sinnvolle Auswertungsmöglichkeit der Datenbestände. Es liegen Dokumentationsfragmente unterschiedlichster Art und Aktualität vor (Listen, Tabellen, CAD-Pläne der Flächen, z.T. Bestandspläne der Anlagen).

Hauptschritte	Teilschritte	Beispiele
2. Analyse der Personal-situaion	Wesentliche Ursache von Problemen und Schwachstellen ist das menschliche Verhalten. Zeitliche, materielle und finanzielle Einschätzungen sowie subjektive Empfindungen jedes einzelnen Mitarbeiters hinsichtlich der bestehenden und zukünftigen Organisationsform sind wertfrei zu analysieren und zu beurteilen. Eventuelle Ursachen für die Demotivation der Mitarbeiter gegenüber der zu erwartenden organisatorischen Veränderung sollten geprüft und schließlich in Motivation umgewandelt werden. Selbst bei größeren Veränderungen kann Demotivation vermieden werden, wenn alle Betroffenen in den Prozeß der Veränderung integriert werden. Der Mögliche Einfluß der organisatorischen Veränderung auf die Mitarbeiter liegt: • in der Aufgabenverantwortung • im Entscheidungsprozeß • in der sozialen Umgebung • in der hierarchichen Stellung • in der Bewertung des Arbeitsplatzes/Lohnes Mögliche arbeitsplatztechnische Veränderungen: • Überforderung • mehr Verantwortung • Zunehmende Kontrolle der Arbeitsleistung

4.4
Phase 3 – Prozeßgestaltung-SOLL

In der Prozeßgestaltung wird die konkrete Ausgestaltung der zukünftigen Gesellschaft vollzogen.

Hauptschritte	Beispiele
1. Entwurf zur Organisationsform (grob) Wesentliches Merkmal der neuen Gesellschaft ist die Entwicklung der Infrastrukturen: 1. Organisatorisch 2. Wirtschaftlich 3. Technologisch 4. Baulich Hierfür müssen alle Querverbindungen zu anderen notwendigen Fachabteilungen offenliegen.	Das Projektteam hat nach der Ermittlung aller internen Kennzahlen sowie in Gesprächen mit anderen Unternehmen, im Sinne eines Benchmarking, folgende Methoden zur Reorganisation bereitgestellt: • Ein erweitertes *Total Quality Management*, das, speziell auf die neue Aufgabenerfüllung ausgerichtet, den Gedanken des Umwelt-Management und baulicher Reorganisation einbezieht. • Ein umfassendes *Reengineering*, das im Inhalt die neuen Geschäftsprozesse vorbereitet. Hierfür müssen zusätzlich betriebswirtschaftliche Grundkenntnisse der ehemaligen Liegenschaftsabteilung vermittelt werden, um schließlich die prozeßorientierte Arbeitsweise zu schulen. Schulungsmaßnahmen für die künftige Belegschaft zum wertorientierten Einsatz der Immobilien erarbeiten, mit den Inhalten. *Corporate Real Estate Management, Shareholder Value* und *strategisches Facility Management*. Diese Kenntnisse bilden letztendlich den Rahmen für die interne Organisation und Aufgabenverteilung der künftigen Gesellschaft, z. B. welche Maßnahmen können ausgelagert werden, welche Aufgaben gehören zum Kerngeschäft usw.

Hauptschritte	Teilschritte
2. Alternativen ermitteln	Zur Erarbeitung der *Prozeßgestaltung* bzw. alternativer Prozesse können verschiedene Verfahren eingesetzt werden: • *Auswertung der Wertschöpfungsanalyse:* Die Erkenntnisse und Ergebnisse der IST-Aufnahme sowie der IST-Analyse schließen auf mögliche Änderungen der vorher definierten Vision. Hier kann sich eine neue Zieldefinition ergeben (z. B. eine Differenzierung der künftigen Aufgabenbereiche der Immobiliengesellschaft). • *Quellenauswertung:* Eine Vielzahl von Quellen kann herangezogen werden, um die bereits im Unternehmen realisierte Lösungen kritisch zu bewerten und sie eventuell auf die eigenen Erfordernisse zu modifizieren:

Hauptschritte	Teilschritte

	• Benchmarking, Kennzahlen
	• innerbetriebliche Fachgespräche
	• Integration von Beratungsleistungen
	• Lehrgänge, Seminare und Kongresse
	• Fachbücher und -zeitschriften
	
	• *Kreativitätstechniken* (Ideenfindung)
	   • Brainstorming
	   • morphologischer Kasten

Hauptschritte	Teilschritte	Beispiele

3. Ausarbeitung
 	
Die Maßnahmen in der Prozeßgestaltung müssen nun umgesetzt, ausgearbeitet und dokumentiert werden. Hierfür ist es notwendig die gesamten Maßnahmen festzulegen und schriftlich darzustellen.
• Definieren der Aufgaben und Ziele:
  1. Organisatorisch
  2. Wirtschaftlich
  3. Technologisch
  4. Baulich
• Weitere Projektdurchführungsmaßnahmen und Vorgehensweise
• Entscheidungsempfehlung
• Diese Prozeßgestaltung wird schließlich den Entscheidungsträgern präsentiert		

	1. Organisatorisch • Kurzbeschreibung der *bestehenden Liegenschaftsabteilung.*	*Bestehende Liegenschaftsabteilung:* Die Liegenschaftsabteilung ist durch ihre starke Spezialisierung auf bauliche Maßnahmen in der jetzigen Organisationsform nicht in der Lage, auf die Forderungen des Marktes, der Kunden und schließlich der Organisationsleitung zu reagieren
	• Ausführliche Darstellung der *künftigen Gesellschaft* (wirtschaftlich, organisatorisch, technologisch und baulich).	*Die künftige Gesellschaft:* Die künftige Immobiliengesellschaft soll als Tochtergesellschaft des Gesamtunternehmens in Form eines Profit Centers mit zentralen und dezentralen Aufgaben ausgestattet werden. Sie erhält die komplette Immobilienverantwortung und die Aufgabe,

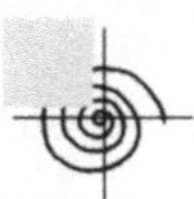

Teilschritte	Beispiele

die betrieblichen baulichen Infrastrukturen (Gebäude und Anlage) nutzer- und wertorientiert zu reorganisieren.

Maßnahmen für die künftige Gesellschaft:
- Definition der Verantwortungsbereiche für die Infrastrukturen,
- Einführung eines eigenen Controlling,
- Einführung eines eigenen Marketing,
- Überarbeitung der Datenverarbeitung,
- Maßnahmen zur Sicherheit (z. B. Datenschutz),
- Aufstellen eines Humanressourcenprogramms (Mitarbeiterschulung, Sozialleistungen, Personalkostenprogramm u.v.m.).

Aufgaben der künftigen Gesellschaft:
- strategische Ziele (z.B. Kostensenkung in den Immobilien und Wettbewerbsfähigkeit) festlegen
- Managementziele (z.B. „Total Quality Management") prüfen
- Managementmethoden (z. B. „Just-in-time") ändern
- organisatorische Ziele/Strukturen (z. B. Prozeßorganisation) überarbeiten
- Größe des Mitarbeiterbestandes oder der -qualität prüfen
- Nachfrageänderungen ermitteln
- Angebotsänderungen (Wettbewerb) erarbeiten
- Technologieänderungen einbeziehen

Anforderungen an die künftigen Gesellschaften:
- Abstimmen der künftigen Geschäftspolitik mit der Unternehmenspolitik in bezug auf die Liegenschaften, einschließlich der Beteiligungspräferenz an Immobilien (Eigentum oder Miete)
- Bereitstellung qualifizierter und integrierter Dienstleistungen in pünktlicher, koordinierter und kosteneffizienter Art und Weise, die auf umfassender Kenntnis der Unternehmenskultur und -politik basieren und die Erwartungen der Kunden und der künftigen Geschäftsleitung miteinbeziehen
- Ermitteln des Immobilien- und Liegenschaftenbestand sowie der Kennzahlen
- Ermittlung der strategischen- und betrieblichen Anforderungen der Geschäftsbereiche

Teilschritte	Beispiele

2. Wirtschaftlich
• Sachmittelbedarf
• Wirtschaftlichkeitsbetrachtung
• Investoren und Nutzerpotentiale
	• Feststellen des tatsächlichen Anlagewertes
	• Erstellung von Marketing-/Vertriebsplänen, Bestandsdokumentation und Verkaufsprognosen nach Produkt/Dienstleistungstyp
	• Einholen von Marktinformation in bezug auf die zu reorganisierenden Objekte (z. B. Nutzerpotential, Raumangebot und Standortfragen)
	• Informieren über Produktanalysen hinsichtlich eventueller Veränderungen in der Kundenakzeptanz und damit verbundener baulicher Änderungen:
	  • Beurteilung des Marketing-Strategieaspekts in bezug auf veränderte Kundenstandorte
	  • Einbeziehen der Produktionsplanung und -kontrolle (z. B. bei Mengenänderungen)
	  • Einarbeiten der Logistikstrategie – Einkauf, Verpackung, Verfrachtung
	• Senkung der fortlaufenden signifikanten Kostensteigerungen bei gemieteten oder eigenen Gebäuden, Gütern, menschlicher Arbeitskraft, der Kapitalbeschaffung, Steuern und laufenden Betriebskosten
	• Entgegenwirken des Wettbewerbdrucks und der wirtschaftlichen Situation. Kostenreduktion bei gleichzeitiger Steigerung der Wertschöpfung
	• Vorschau der Kapazitätserfordernisse: Ankauf, Nutzung und Auflösung von Liegenschaften
	• Ermittlung der Lebenszykluskosten und Produktivität in den Immobilien
	• Erwägung von Alternativen oder Tausch der Immobilie
	• Ermitteln der Infrastrukturbereitstellungskosten
	• Erstellen eines Finanzierungsplans einschließlich der Kapitalbudgetierung (die Bilanz wirkt sich auf die organisatorische Struktur der Immobilien, auf Managementstrategien und Vorgehensweise aus)
	• Erarbeiten interner Finanzierungsmethoden
	• Bereitstellung finanzieller Ressourcen, einschließlich Mittelaufbringung und Rentabilität
	• Festlegen von Bilanzzielen und -werten, Verbindlichkeiten oder Ausgabenzuordnung sowie zeitliche Zuordnung
	• Auswirkungen auf den Cash-flow feststellen
	• tarifliche Regelungen prüfen
	• steuer- und handelsrechtliche Regelungen abstimmen
	• Kosten für Planung, Ausführung, Betrieb und Instandhaltung ermitteln.

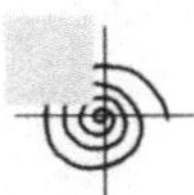

Teilschritte	Beispiele

3. Technologisch
• Schwachstellen der bestehenden Liegenschaften ermitteln im Hinblick auf Energieversorgung, Umweltschutz, Qualität usw.
	• Prüfen der technologischen, ökologischen und ökonomischen Qualitätsstandards der Liegenschaften
	• Berücksichtigen des steigenden Einsatzes von Informationstechnik und Telekommunikationseinrichtungen
	• Planung komplexer Telekomunikationssysteme, Computernetzwerke, Energiezuführungen, Notstromaggregate, Heizungs-, Belüftungs- und Klimasysteme, Beleuchtung, Betriebssicherheit, Sicherheitssysteme nach umweltbezogenen und ergonomischen Erfordernissen
	• Ermitteln der Anforderungen an die DV-Systeme:
	  • Datenkoordination/-aktualität
	  • Leistungsfähigkeit

4. Baulich • Schwachstellen der baulichen Infrastruktur in bezug auf die Arbeitsabläufe und Tätigkeiten aufzeigen.	• Abbau des Flächenüberhangs mittels Rationalisierung und Reorganisation dieser Flächen entsprechend ihrer möglichen optimalen Nutzung • Ausgleichen der mangelnden Flexibilität und Kommunikation in den vorhandenen Flächen sowie der Weiterentwicklung des Unternehmenslayouts von „geschlossenen" zu bedarfsgerechten, flexiblen und kosteneffektiven „offenen" Konzepten der Planung in den Liegenschaften (Gebäude, Anlagen, Flächen) • Einsetzen neuer Planungsmethoden (z.B. Programming, zur Erarbeitung eines strategischen Masterplans als Vorlage für künftige Planungen) • Implementierung eines Informationssystems für die Werterhaltung der Bauten

Hauptschritte	Teilschritte
4. Maßnahmenentscheidung	Die Entscheidung über eine Prozeßgestaltung muß fundiert sein, da dieser Beschluß bereits die Entscheidung über die Implementierung enthält. Folgende Entscheidungsalternativen sind möglich: • Volle inhaltliche Zustimmung • Zustimmung mit Änderungswünschen • Ablehnung
5. Detailentwurf – Integrale Infrastrukurplanung	Wesentliche Merkmale des Detailentwurfs sind: • *Infrastrukturelle Organisation – Aufgaben der künftigen Gesellschaft*

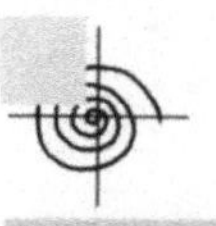

Teilschritte	Beispiele

Aufgaben der künftigen Gesellschaft:
Die Immobiliengesellschaft des Unternehmens ist aufgefordert vernünftige, faktenbezogene Ratschläge folgender Entscheidungen zu geben:

- Prüfung und Analyse des Immobilien-Portfolios durch Ein-richtung von Prozessen zur Optimierung der Infrastrukturen
- Festschreiben von Gewinnzielen im Unternehmen sowie einer strategischen Immobilienpolitik und vorgeschriebenen Verfah-ren innerhalb der Immobiliengesellschaft
- Mittelbereitstellung innerhalb des Unternehmens
- Vermarktung überschüssiger Firmengebäude und Pachtflächen
- Immobilienfinanzierung im Unternehmen
- Marketing und Management von Sachanlageprojekten
- Unternehmensentscheidungen zum An- oder Verkauf von Immobilien und Liegenschaften (Investitionsentscheidungen)
- Bauliche Werterhaltung

- *Aufgaben der Integralen Infrastrukturplanung:*

Der Geschäftsleitung der Immobiliengesellschaft verbleiben „Zentrale Bereiche" wie Vermögen, Strategie, Kontrolle sowie das Baumanagement, gesteuert durch eine prozeßorientierte, flache, dynamische und transparente Leitung der Infrastrukturverantwortlichen.

„Dezentrale Bereiche" entfallen auf Verwalten, Betreiben und Nutzen, mit der Methode des prozeßintegrierten Facility Management (PFM).

Zu diesem Zeitpunkt müssen Entscheidungen über Outsourcing. Ausgründung und/oder Profit- bzw. Costcenter fallen.

Integrale Infrastrukturplanung beschreibt folgenden Weg:
- Integrale Infrastrukturplanung reorganisiert bestehende Infra-strukturen (organisatorisch, wirtschaftlich, technologisch und baulich).
- Diese Maßnahmen bedeuten einen Wandel im Management (von traditionellen organisatorischen Strukturen zu einer Prozeßorganisation mit Zentralen und Dezentralen Bereichen).
- Für die Umsetzung müssen klare Informations- und Kommunikationssysteme installiert werden.

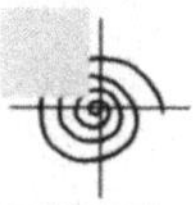

Teilschritte	**Beispiele**

Verfügen die dezentralen Bereiche nicht über genügend qualifizierte Mitarbeiter für Dienstleistungen, die nicht unmittelbar dem Kerngeschäft zugeordnet sind, ist es sinnvoll, diese Leistungen auszulagern. Bei traditionellen Organisationsformen kann ein Profitcenter für den Verantwortungsbereich der Flächen gebildet werden. Andere Möglichkeiten bietet z. B. Ausgründung, d. h. die Errichtung von Tochtergesellschaften oder „Indoor Outsourcing", sowie die Einrichtung von Leistungscenter (Cost Centers).

Die Funktionen der künftigen *Immobiliengesellschaft:*

„Zentrale Bereiche" sind:
- Corporate Real Estate Management Asset Management
- Baumanagement (und Bauerhaltung)
- Flächenmanagement
- Kostenmanagement

Aufgaben der Zentralen Bereiche sind:
- Optimieren der Eigenkapitalrendite
- langfristige Steigerung des Unternehmenswertes
- Erwirtschaftung langfristig überdurchschnittlicher Renditen
- konsequente Ausrichtung auf das Firmenportfolio

Aufgaben der Zentralen Bereiche
Die Geschäftsleitung der Immobiliengesellschaft (Lieferant) achtet auf die Optimierung der Kapitalrendite. Sie ist zuständig für eine langfristige Steigerung des Unternehmenswertes und sollte überdurchschnittliche Renditen erwirtschaften sowie das Firmenportfolio optimal ausrichten. Stellt sich bei der Bewertung einer Anlage ein Verlust bei der Ermittlung des Deckungsbeitrages heraus, so müssen Überlegungen zu Alternativen angestellt werden. Bei der Ermittlung der sog. opportunity costs könnte sich im Vergleich zur Eigenkapitalrendite, ein Nutzenverlust beim Verzicht auf eine Alternativanlage herausstellen. Dieser Beitrag zum Firmenportfolio ist die Anweisung der Unternehmensleitung an die Geschäftsbereiche, im Interesse der Aktionäre effektiv zu arbeiten und die vorgegebenen Erträge zu erwirtschaften, um ihren Teil zur Steigerung der Kapitalrendite zu leisten. Folge dieser Maßnahmen könnte sein, daß nicht betriebsnotwendige Immobilien verkauft, vermietet oder einer neuen Projektentwicklung zugeführt werden müssen.

| **Teilschritte** | **Beispiele** |

„Dezentrale Bereiche" entfallen auf das Verwalten, Betreiben und Nutzen. Als Instrument dient das Prozeßintegrierte Facility Management (PFM).

Dezentrale Bereiche sind:
- Flächenverwaltung aller Verträge und Dienstleistungen
- Infrastrukturbereitstellungskosten
- Betreiben (Instandhalten, Warten, Sicherheit, Logistik)
- Nutzeransprüche, -wünsche und -pflichten

Aufgaben der Dezentralen Bereiche sind:
- Das Erreichen von Marktpreisen
- Benchmarks
- Facility Mannagement
- Festlegen der ausgliederbaren Bereiche (z. B. Wartung und Instandhaltung)

Aufgaben der Dezentralen Bereiche
Die Geschäftsbereiche können sich bei den Mieten z. B. nach den Marktpreisen richten, können Profit Centers bilden, Benchmarks durchführen. Die Geschäftsbereiche installieren das Facility Management und prüfen, ob und in welchem Maß Outsourcing betrieben werden soll.
Bei vollständiger Dokumentation ist Facility Management ein gutes Instrument zur Bewirtschaftung der Liegenschaften, bezogen auf die lange Nutzungsdauer von Anlagen.
Die Dezentralen Bereiche sind verantwortlich für:
- Erreichen von Marktpreisen (z. B. bei den Mietpreisen, Differenzierung der Mietpreise in Netto- und Bruttomiete)
- Benchmarks
- Grad der Ausgliederung von Dienstleistungen (Outsourcing)

Prozeßintegriertes Facility Mangement als Methode in den Dezentralen Bereichen:

Die Zielsetzung dieser Methode besteht darin, die Liegenschaften- und Immobilienentscheidungen des künftigen Kunden (vorerst Geschäftsbereiche des Unternehmens), und möglicher zukünftiger Veränderungen zu erleichtern (z. B. Personalaufstockung, Reorganisationsmaßnahmen oder Vertragsabschlüsse).
Die Kenntnis langfristiger, wirtschaftlicher und sozialer Faktoren sind entscheidende Mittel bei der Schaffung eines wirklich funktionierenden Immobilien-/Liegenschaftenbestandes.

Funktionen des Prozeßintegrierten Facility Management der Dezentralen Bereiche:

Facility Management ist der Prozeß mit dem alle Immobilien- und Anlagenwerte vom Ankauf bis zum Verkauf gemanagt werden. Folgende Funktionen sind inkludiert:
- Schutz der Marktwerte des Immobilienbestandes
- Unterstützung bei der Kapitalakkumulation
- Entwurf strategischer Ziele
- Informationsvernetzung zwischen Abteilungen und Geschäftstätigkeit als Grundlage für:

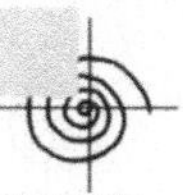

Teilschritte	Beispiele

- Risikobewertung und -kontrolle
- Transaktionenstrukturierung, Miete versus Ankauf
- spezifische Projektzuweisungen einschließlich Entscheidungen Halten versus Verkaufen
- Ankäufe/Auflösungen
- Kauf/Verkauf
- Vermietung/Leasing
- Marktstudien
- Analysen
- Berichte über den Bestandsstatus und -vorschau

Bereits in einem frühen Stadium sollte man eine Nutzungsprüfung (Programme und strategische Masterplanung) der Liegenschaften durchführen. Der Zweck der Prüfung besteht in der Beantwortung folgender Gruppen von Fragen (der künftigen internen und externen Kunden):

- Wie hoch ist der Platzbedarf, um eine Projektplanung an einem bestimmten Standort in einem bestimmten Geschäftsbereich durchzuführen? Welche Arten nützlicher Baustandards können entwickelt werden, um die Nutzung zu messen (etwa als Quadratmeter Hauptnutzfläche pro DM Gewinn und Mitarbeiter)?
- Wie verhält sich die Produktionskapazität eines Unternehmens zum kurz- und langfristigen Marketingziel? Wie hoch ist der Anteil von Verwaltungs-, Produktions- und Restflächen? Verhalten sich die Standorte zur strategischen Planung, zur Verfügbarkeit von Rohstoffen, zur kosteneffektiven Arbeitsleistung und zu den geplanten Märkten und Kunden effizient?
- Wieviel physische Büro- und Produktionskapazität wird benötigt? Wann will man die Wachstumsziele erreichen? Sollte die Anlage vielleicht sogar am gegenwärtigen Standort verbleiben, oder sind größere zusätzliche Investitionen an bestehenden Standorten nötig, weil der Standort eventuell falsch gewählt ist?

4.5
Phase 4 – Implementierung

Das vorliegende Konzept zur Integralen Infrastrukturplanung und die erarbeitete Organisationsform muß nun in die betriebliche Nutzung überführt werden. Hierfür sind mehrere Schritte der Implementierung zu unterscheiden:

- Vorbereitung der Implementierung

- Programm und Organisationsanlauf

- Programmkontrolle

Dadurch die mangelhafte Implementierung das Projekt und letztendlich auch der angestrebte unternehmerische Nutzen gefährdet werden kann, sollte dieser die gleiche Bedeutung zugemessen werden, wie den Teilbereichen der Phasen 1–3 (IST-Aufnahme, IST-Analyse sowie Prozeßgestaltung – SOLL).

Hauptschritte	Teilschritte
Vorbereitung der Implementierung 1. Methoden zur Implementierung 2. Planung der Implementierung 3. Implementierung 4. Schulung 5. Informationen	*Methoden zur Implementierung:* • Direkteinführung – Die Überführung der bisherigen Abteilung in die künftige Immobiliengesellschaft erfolgt zu einem festgelegten Termin. • Paralleleinführung – Die Einführung der neuen Gesellschaft erfolgt in einem zeitlich definierten Parallelbetrieb zur bisherigen Liegenschaftsabteilung. • Probeeinführung – Hier wird die künftige Gesellschaft in einer kleinen Organisationseinheit auf ihre Praxistauglichkeit probeweise getestet (z.B. kann sie den Zentralen Bereichen des Gesamtunternehmens zeitweise zugeordnet werden). Während des Testlaufs können die künftige Organisationsform noch verbessert und die restlichen Fehler ausgeräumt werden. Eine fehlerfreie Implementierung ist dadurch gewährleistet. Voraussetzung hierfür ist, daß die isolierte Nutzung in einem Teilbereich möglich ist und das Ergebnis repräsentativ ausfällt. • Stufeneinführung – Die Stufeneinführung ist nur möglich, wenn sich die Prozeßgestaltung der künftigen Gesellschaft in selbständige Teilbereiche gliedern läßt. Hierdurch wird das Einführungsrisiko vermindert. Voraussetzung ist ein modularer Aufbau der Gesellschaft (Zentrale Bereiche mit

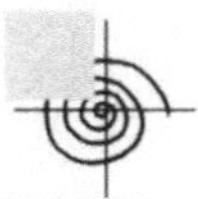

Hauptschritte	Teilschritte

Asset Management und Baumanagement sowie Dezentrale Bereiche für die Verwaltung und das Facility Management).

Planung der Implementierung:
- Nach der definitiven Wahl zur Implementierungsmethode muß die Einführung per se geplant werden. Selbst wenn diese bereits als Teilplan im Gesamtprojektplan enthalten ist, bedarf es einer Konkretisierung dieser Programmplanung.
- Festlegung zu Maßnahmen auf folgenden Gebieten:
  - Aufgabenplanung – Strukturierung aller Aufgaben im Ablaufplan, deren Erledigung zur Einführung notwendig ist
  - Terminplanung – Techniken: Balkendiagramm, Netzplan
  - Personalplanung – Mitarbeitereinsatz im Programmablauf
  - Kostenplanung – Kosten der Implementierung und Nutzung

Implementierung:
Mit der Implementierung bezeichnet man die Überführung der künftigen Immobiliengesellschaft in den nutzungsbereiten Zustand.
- Aufgaben/konkrete Aufgabendefinition.

Schulung:
Die Schulung der Mitarbeiter in der neuen Organisationsform sollte durch den integrierten Berater vorgenommen werden, der zu diesem Zeitpunkt in der Rolle des Coachs und Moderators wiederzufinden ist.

Information:
Bekanntgabe der neuen Gesellschaft in Schulungsveranstaltungen, Konferenzen, Anschreiben sowie internen und externen Veröffentlichungen.

Hauptschritte	Teilschritte
2. Aufnahme der Tätigkeit der Immobiliengesellschaft	Mit Beginn der Tätigkeiten beginnt die Nutzungsphase der neuen Gesellschaft. Hier entscheidet sich nun die Qualität der eingeführten Integralen Infrastrukturplanung in der Immobiliengesellschaft, denn erst durch die Bewährung in der betrieblichen Praxis ist ein repräsentatives Urteil über das Ergebnis der Projektarbeit gewährleistet.

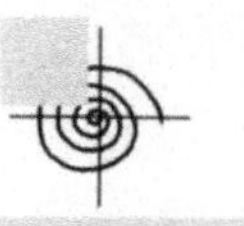

Hauptschritte	Teilschritte
	Aufgaben des Projektteams beim Programmanlauf: • Überwachung der Einhaltung aller Programmvorgaben • Verhinderung und permanente Korrektur von Fehlern • kapazitive Unterstützung in der Anlaufphase Die Verantwortung für den erfolgreichen Programmbeginn liegt ausschließlich beim Projektteam. Erst bei der Abnahme geht die Verantwortung an die neue Organisationsform oder neue Unternehmung über.
3. Kontrolle	• Nutzungskontrolle – Kontrolle der Nutzung der neuen Gesell-schaft entsprechend der Maßnahmen in der Integralen Infrastrukturplanung (Phase 3). • Zielerreichungskontrolle – nach Anlauf der Tätigkeit der Immobiliengesellschaft ist zu prüfen, ob die im Projekt angestrebten Ziele mit den neuen Aufgaben erreicht werden. Die Kontrolle muß in regelmäßigen Abständen in Form eines Audits durchgeführt werden. Die Kontrolle ist somit Ausgangspunkt für einen kontinuierlichen Verbesserungsprozeß.

IV Erreichte Ziele

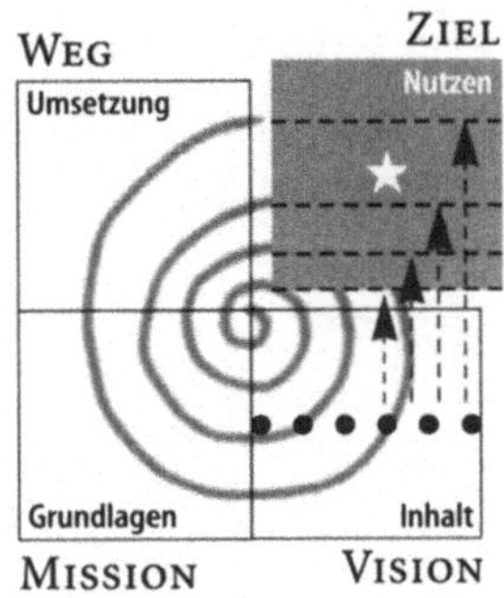

Die Faktoren Mensch, Arbeitsweise und Arbeitsumfeld werden durch gezielte Reorganisation der Liegenschaftsabteilung – zur Erhöhung ihres Wirkungsgrades – in eine prozeß- und gewinnorientierte Immobiliengesellschaft geführt.

Nicht durch oktroyierte Konzepte, sondern durch konsequente individuelle Beratung kann die Immobiliengesellschaft diese Ziele erreichen. Bei dieser Gelegenheit werden im internen Lernprozeß Motivation und Kommunikation auf die gesamte Belegschaft übertragen, denn nur wer mit Begeisterung für den Wandel einsteht, akzeptiert Veränderungen.

Gleichfalls muß die Infrastruktur Immobilie, Liegenschaft bzw. Anlage einer kritischen Untersuchung unterliegen. Beurteilt werden Überlegungen zur Funktionalität, Flächenproduktivität sowie die Flexibilität, bezogen auf Nutzungsänderungen und die Flächenaufteilung bei möglicher Weiterveräußerung, ob Verkauf, Vermietung oder Verpachtung.

Integrale Infrastrukturplanung unterstützt strategische Ziele:
die Steigerung der Wertschöpfung von Immobilien sowie eine Reduktion der Kosten der Immobilien

1
Fallstudie: Räumliche Eingliederung einer Zulieferfirma für Systemkomponenten

Die Fallstudie zeigt die räumlichen Eingliederung eines externen Zulieferbetriebes in die bestehende Liegenschaft, zum Abbau des eigenen Leerstandes der Flächen sowie zur Erhöhung des Immobilienportfolios für das Gesamtunternehmen.

PRAKTISCHES MODELL IM UMGANG MIT DER INTEGRALEN INFRASTRUKTURPLANUNG Die *Immobiliengesellschaft* hat den Auftrag, ein Projekt durchzuführen, das die räumlichen Eingliederung eines externen Lieferanten des Gesamtunternehmens einschließt. In diesem Projekt werden die künftigen Ziele, kundenorientiert, termin- und marktgerecht zu handeln, umgesetzt. Gemäß dem vorgestellten Phasenmodell zur Reorganisation der Liegenschaftsabteilung, wird das Projekt eingerichtet.

Die *Zulieferfirma* beendete ein Projekt mit dem Inhalt, Anforderungen zu einem Standortwechsel zu erarbeiten. Mit dem erarbeiteten Anforderungskatalog wird nun eine Anfrage nach adäquaten Flächen an die *Immobiliengesellschaft* gestellt. Die Ergebnisse des Projekts der *Zulieferfirma* werden im nachstehenden Projekt der *Immobiliengesellschaft* umgesetzt.

2
Das Projekt

Das Projekt erhält die Bezeichnung „Eingliederung Zulieferfirma" sowie eine Projektnummer, die Priorität, das Datum und den Namen des Auftraggebers. Es wird ein verantwortlicher Projektleiter festgelegt.

In der *Immobiliengesellschaft* gibt es eine Reihe von qualifizierten Mitarbeitern, die in Teilprojekten und Projektteams tätig sind. Sie werden zusätzlich von einem beratenden Planer und Vertreter des Kunden (zu Beginn des Grobprojekts – Hauptprojekt) bei der Planung unterstützt.

Zu Beginn des Projekts werden in einem Vorprojekt, der Projektanalyse, Fragen zur Rentabilität diskutiert. In dieser Phase sind die strategischen Ziele, sowohl der monetäre und zeitliche Aufwand festzulegen, der Nutzen für das Gesamtunternehmen (z.B. Abbau des Flächenleerstandes sowie eine Steigerung der Rentabilität durch einen wertschöpfenden Einsatz der Immobilien) als auch der Projektablauf zu definieren.

2.1
Projektübersicht

Aktivitäten	Phasen und Ergebnisse
Projektanstoß • Projektauftrag formulieren • Projektorganisationsform wählen • Projektpriorität bestimmen	Phase 0 – Organisation • Problem, Idee • Projektwürdigkeit • Projektauftrag • Zieldefinition
Vorprojekt • Problemstellung überprüfen • Untersuchungsbereich abgrenzen • Situationsanalyse/ Standortbestimmung	Phase 1 – IST-Aufnahme • Nutzerpotentiale • Investorenpotentiale

Aktivitäten	Phasen und Ergebnisse
	Phase 2 – IST-Analyse
• Kundenintegration	• Nutzererfolgsrechnung
• Gestaltungsmöglichkeiten abklären	• Investorenerfolgsrechnung
• Ziele erarbeiten	• Lösungsprinzipien
• Lösungsprinzipien erarbeiten	• Vorgehenskonzept
• erste Wirtschaftlichkeitsüberlegungen anstellen	• Bedarfsplanung
• Projektplanung erstellen	
Grobprojekt	**Phase 3 – SOLL**
• Zielsetzung überarbeiten	• Gesamtkonzept
• Gesamtkonzept erarbeiten	• strategischer Masterplan
• Wirtschaftlichkeit prüfen	• Planvarianten
• Planung aktualisieren	
Detailprojekt	
• realisierbare Lösung ausarbeiten	• Ausführungsplanung
• Angebote einholen	• Implementierungsvorbereitung
• Nutzungs- und Betriebskonzept erstellen	
• Schulungs- und Implementierungskonzept erstellen	
• Kosten und Wirtschaftlichkeit prüfen	
• Infrastrukturbereitstellungskosten ermitteln	
Implementierung	**Phase 4 – Implementierung**
• Schulung und Instruktion	• Nutzung und Betrieb

2.2
Situationsanalyse

Die *Zulieferfirma,* die eine Belegschaft von ca. 350 Mitarbeitern aufweist, ist Hauptlieferant von Systemkomponenten des ortsansässigen Unternehmens aus dem Produktionsbereich der Metallverarbeitung. Etwa 70% des Umsatzes erreicht die *Zulieferfirma* aus dieser Geschäftsbeziehung.

Neben der Palette von technologischen Qualitätsprodukten stellt sie des weiteren Serviceleistungen

zur Verfügung und versorgt ihre Niederlassungen mit Produkten. Durch die wachsende Bindung an das ortsansässige Unternehmen verursachen der gegenwärtige innerstädtische Standort, die verteilten Räumlichkeiten sowie die unzureichende technologische Versorgung ein logistisches und organisatorisches Problem in der Geschäftstätigkeit. Aus diesem Grund wurde in der *Zulieferfirma* ein Projekt zu einem Standortwechsel angestrebt.

WÜNSCHE DER ZULIEFERFIRMA   Binnen eines Jahres sollen zentrale Räumlichkeiten gefunden werden, die eine produkt- und mengenmäßige Ausdehnung der eigenen Geschäftstätigkeit zulassen. Bei dieser Maßnahme ist zusätzliches Personal einzuplanen. Eine verstärkte Schulung und Weiterbildung muß berücksichtigt werden. Ebenfalls sind bisherige organisatorische Mißstände zu beseitigen, die vor allem den reibungslosen und logistischen Ablauf mit den Kunden behinderten.

Auf der Suche nach einer Standortverlegung richtete sich die Anfrage nach Räumlichkeiten für Verwaltung, Produktion und Lagerung zuerst an den ortsansässigen Hauptkunden (Unternehmen aus dem Produktionsbereich der Metallverarbeitung). Die dort neugegründete *Immobiliengesellschaft* erhält nun den Auftrag, nach Flächen im Liegenschaftsbestand zu suchen, die den Anforderungen des Zulieferfirma gerecht werden.

Für die Projektplanung der Immobiliengesellschaft stellte die Zulieferfirma ein Pflichtenheft zusammen.

Zu berücksichtigende Randbedingungen:
- mögliche Aufnahme weiterer Produkte sowie flexible und volumenmäßige Ausdehnungsmöglichkeit,
- Räumlichkeiten für Kundenschulung bereitstellen,
- effiziente Serviceleistungen,
- Senkung der internen Kosten (z.B. Wartung und Instandhaltung, Instandsetzung sowie Betriebskosten der Anlagen).

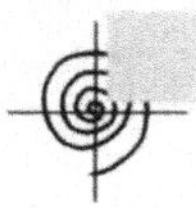

Stärken	Schwächen
• umfassendes Produktsortiment • gute Produktqualität • guter Ruf bei den Kunden • gut organisierter und kompetenter Service	• Raummangel für Verwaltung, Produktion, Lager und Schulung • teilweise zu kleine und ungenügend eingerichtete technische Werkstätten • zu große Distanz zum Kunden • keine weitere Ausdehnungsmöglichkeit für technische Einrichtungen und Personal • schlechte Informations- und Kommunikationseinrichtungen • teilweise ineffektive und nicht rationelle Arbeitsabläufe sowie Arbeitsweise

Zielformulierung:

Markt- und Verkaufsziele	
• Produktsortiment • Verkaufsentwicklung • Corporate Identity	• Produkte-Qualität: grundsätzlich wie heute • Produkte-Quantität: Ergänzungen um ca. 30% • Umsatzsteigerung um 25% in den nächsten 2 Jahren • Image: „Mit dem Kunden gemeinsam Ziele erreichen"

Organisatorische Ziele	
• Auftragsabwicklung • Termine	• zentrale Akquisition, Auftragsbearbeitung und Fakturierung • Bestellieferung für Lagerartikel innerhalb eines Tages an den Hauptkunden • Kundenservice und Wartung durch eigenes Personal • 24-Stundenservice für den Kunden

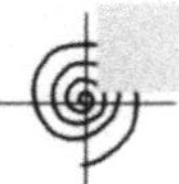

- Bezug der neuen Räumlichkeiten innerhalb eines Jahres nach Auftragserteilung
- Aufrechterhaltung der Geschäftstätigkeit während dieser Maßnahmen

---

Wirtschaftliche Ziele

- Mietkosten (Marktpreis) - Betriebskosten - Wartungs- und Instandhaltungskosten - Nebenkosten - Auflistung der Nutzerpotentiale	- Vorgabe der Mietkosten, gemäß Mietspiegel - detaillierte Aufgliederung der Kosten nach Büroflächen, Produktionsflächen, Lagerflächen sowie öffentlichen Verkehrsflächen und Nebenflächen - detaillierte Abrechnung nach tatsächlich in Anspruch genommener Fläche

---

Technologische Ziele

- Produktionsanlagen - Lagerhaltung - Netzwerk-Anforderungen - Hardware-Anforderungen - Datensicherheit - Datenschutz - Service	- detaillierte Angaben der künftigen technischen Ausstattung - Einführen eines Qualitätsmangementsystems mit anschließender Zertifizierung nach EN ISO 9000f.

Raum-/Einrichtungsziele

- Raumprogramm - Platzreserve - Parkplätze - technologische Einrichtungen - Arbeitsplätze - Flexibilität	- detailliertes Raumbuch mit Qualitäts- und Flächenanforderungen - Anforderungen an die technische Versorgung (Energie, Umweltschutz usw.)

2.3
Projektauftrag

Nach Besichtigung der in Frage kommenden Räumlichkeiten auf dem Gelände des Produktionsunternehmens der Metallverarbeitung und der Überprüfung ihrer Zuordnung auf Effizienz entschließt sich die Zulieferfirma der Immobiliengesellschaft, den

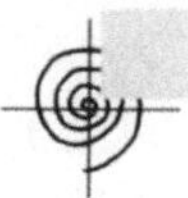

Auftrag für die Bereitstellung der nötigen Umbaumaßnahmen sowie der räumlichen Eingliederung zu erteilen.

2.4
Projektdurchführung

Für die Durchführung des Projekts *Immobiliengesellschaft* entschließt sich das Unternehmen, Teilprojekte zu installieren. Jedes Teilprojekt wird von einem Projektteam bearbeitet. Die Teilprojekte sind Elemente der vernetzten ganzheitlichen Wertschöpfungsanalyse.

Im *Projektübersichtsplan* werden den Teilprojekten und Phasen Meilensteinentscheidungen und Termine zugeordnet.

Phasen	Teilprojekt 1 Organisation und Wirtschaftlichkeit (Assetmanagement)	Teilprojekt 2 Verwaltung, Betrieb und Nutzung (Facility Management)	Teilprojekt 3 Umbau (Baumanagement)	Teilprojekt 4 Informations- und Kommunukations- einrichtungen	Teilprojekt 5 Betriebseinrichtung und Logistik
→ Budgetierung					
Vorprojekt	Erste Wirtschaftlichkeitsberechnung, Rentabilitätsberechnung zur Reorganisation der Infrastrukturen (grob). Effekt auf das Flächenmanagement der gesamten Liegenschaft bestimmen Konsequenz auf das Kostenmanagement in den Infrastrukturen der gesamten Liegenschaft ermitteln Auswirkungen auf die mögliche Umplanung in den Teilprojekten 2–5 aufzeigen (z. B. Qualität und Umwelt)	Prüfung der Platzkapazitäten für das Projekt (Eingliederung Zulieferfirma). Ermittlung nützlicher technologischer und baulicher Standards zur Reorganisation der in Frage kommenden Räumlichkeiten Feststellung des Anteils an Produktions-, Lager-, Verwaltungs- und sonstigen Flächen gegenwärtig und künftig	IST-Aufnahme der in Frage kommenden Infrastruktur (Alternativen) Programming Bauliche Vorstudie	IST-Aufnahme Informations- und Kommunikationseinrichtungen	IST-Aufnahme Betriebseinrichtung IST-Aufnahme Logistik

→ **Meilenstein-Entscheidung 1: Projektbeginn/Kundenintegration – Kostenschätzung**

Ergänzung des Anforderungskatalogs, Zusammenführen der Ergebnisse des Vorprojekts, Dokumentation

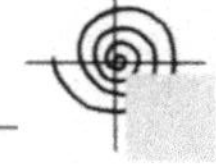

Phasen	Teilprojekt 1 Organisation und Wirtschaftlichkeit (Assetmanagement)	Teilprojekt 2 Verwaltung, Betrieb und Nutzung (Facility Management)	Teilprojekt 3 Umbau (Baumanagement)	Teilprojekt 4 Informations- und Kommunukationseinrichtungen	Teilprojekt 5 Betriebseinrichtung und Logistik
Grobprojekt	Organisatorische Ablaufplanung in den Infrastrukturen definieren Grobkonzept zur Schulung erarbeiten Grobkonzept zum Qualitätsmangement- und Umweltmanagement-System erarbeiten Eventuelle Alternativen mit dem Zielkatalog des Nutzers abstimmen Infrastrukturbereitstellungskosten erarbeiten	Flächenverwaltung aller Verträge und Dienstleistungen für den Kunden erarbeiten und mögliche DV-Unterstützung (Pflichtenheft) planen Maßnahmen für das Betreiben (Warten und Instandhalten der Kunden-Flächen) vorbereiten Planung der möglichen Serviceleistungen und -anbieter Facility-Management-Leistungen definieren und Angebote einholen	IST-Analyse Infrastruktur Masterplan Genehmigungsplanung der Produktions-, Werkstätten-, Lager-, Verwaltungs- und Schulungsflächen Einplanung der Maßnahmen der Teilprojekte 1–5 Bauantrag	IST-Analyse Informations- und Kommunikationseinrichtungen Umplanung der Informations- und Kommunikationseinrichtungen (Grobkonzept Hard-, Software, Netzwerk, DV-Schulung – Pflichtenheft	IST-Analyse Betriebseinrichtung Umplanung der Betriebseinrichung (Grobkonzept Produktion, Werkstätten, Lager und Büroeinrichtung) IST-Analyse Logistik Umplanung der Logistik-Gegebenheiten Grobkonzept Umzugsplanung erarbeiten sowie Maßnahmen zum Übergangsbetrieb erarbeiten

→ Meilenstein-Entscheidung 2: Kostenfeststellung

SOLL-IST-Vergleich – Nutzer/Lieferant, Zusammenführen der Entscheidung des Grobprojekts, Maßnahmenkatalog

Phasen	Teilprojekt 1 Organisation und Wirtschaftlichkeit (Assetmanagement)	Teilprojekt 2 Verwaltung, Betrieb und Nutzung (Facility Management)	Teilprojekt 3 Umbau (Baumanagement)	Teilprojekt 4 Informations- und Kommunukations- einrichtungen	Teilprojekt 5 Betriebseinrichtung und Logistik
Detailprojekt	Detaillierte Rentabilitätsberechnung über die zu treffenden Maßnahmen der Teilprojekte 2–5 Angebotsprüfung aus den Teilprojekten 2–5 und Entscheidungen delegieren Detaillierte Planung der Schulung Detaillierte Planung des QM- und UM-Systems Infrastrukturbereitstellungskosten definieren Nutzer-/Investorenpotentiale definieren	Flächenverwaltung der Verträge und Dienstleistungen für den Kunden detaillieren Maßnahmen für das Betreiben, Warten und Instandhalten (z.B. Zyklen der bedarfsorientierten Wartung, Reinigung usw.) Festlegen der zusätzlichen Serviceleistungen und -anbieter FM-Leistungen vergeben (z.B. komplett oder je nach Prämisse an einzelne Anbieter) Detaillierte Planung der computergestützten FM-Umgebung	Ausführungsplanung der Produktions-, Werkstätten-, Lager-, Verwaltungs- und Schulungsflächen Einplanung der Ergebnisse der Teilprojekte 1–5 Ausschreibungen Baugenehmigung Vergabe Beauftragung der ausführenden Firmen	Detaillierte Planung der Informations- und Kommunikationseinrichtung des Nutzers (Festlegen Hard-, Software, Netzwerk, DV-Schulung – Ausschreibung) Integration der DV-Maßnahmen zu QM/UM und FM-Systemen (Teilprojekt 1 und 3) Festlegen der Lieferanten für Ergänzungen/Änderungen im Informations- und Kommunikationssystem	Detaillierte Planung der Betriebseinrichtung des Nutzers (Detailkonzept Produktion, Werkstätten, Lager und Büroeinrichtung) Detaillierte Planung der Logistikanforderungen des Nutzers Detaillierte Umzugsplanung definieren und Maßnahmen zum Übergangsbetrieb einleiten

→ **Meilenstein-Entscheidung 3**

Ergebnisse und Alternativen, Zusammenführen der Entscheidungen des Detailprojekts, Vorbereitung zur Implementierung

Phasen	Teilprojekt 1 Organisation und Wirtschaftlichkeit (Assetmanagement)	Teilprojekt 2 Verwaltung, Betrieb und Nutzung (Facility Management)	Teilprojekt 3 Umbau (Baumanagement)	Teilprojekt 4 Informations- und Kommunukations- einrichtungen	Teilprojekt 5 Betriebseinrichtung und Logistik
Implemen- tierung	Bekanntgabe des Nutzers Implementierung des QM- und UM-Systems Abnahme Schulung der Mitarbeiter im Qualitätsmangement- und Umweltmanagement-System	Implementierung des FM- Systems Abnahme Schulung der Mitarbeiter im Facility-Management-System	Umbau und Installationsarbeiten (z. B. in der Tragwerksplanung, der Technologischen Ausrüstung sowie der Ausstattung) Abnahmen	Bestellung der DV-(QM/UM/FM)-Systeme Einrichten der DV-Systeme Testlauf der DV-Systeme Abnahme Schulung der Mitarbeiter	Bestellung der Betriebseinrichtung für Produktion, Werkstätten, Lager und Verwaltung Umsetzung der logistischen Anforderungen Umzug durchführen Übergangsbetrieb aufnehemen

→   **Projektende: Aufnahme des Betriebs durch den Kunden**

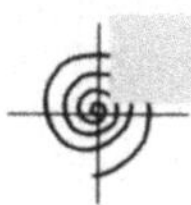

3
Exemplarische Projektbeispiele

Aus dem Projektübersichtsplan werden nachfolgend nun einige Maßnahmen der Teilprojekte und Phasen näher untersucht.

Die *Rentabilitätsberechnung (3.1)* des Teilprojekts 1 (Organisation und Wirtschaftlichkeit) – Phase Vorprojekt – erörtert, ob die gewählte Infrastruktur dem Unternehmen (nach einer Reorganisation zur Eingliederung der Zulieferfirma) den gewünschten Nutzen bringen wird.

Anschließend werden die *Infrastrukturbereitstellungskosten (3.2)* erarbeitet. Diese Aufgabe des Teilprojekts 1 – Phase Grobprojekt – ermittelt die Nettokosten und die Betriebskosten.

Abschließend wird ein Beispiel des Teilprojekts 4 *(Informations- und Kommunikationseinrichtungen (3.3))* – Phase Detailprojekt – zur Umgestaltung der Datenverarbeitungssysteme dargelegt.

Der Fokus auf das Teilprojekt 1 stellt die Vernetzung zu den weiteren Teilprojekten dar. Jede Phase des Projekts zur Eingliederung der Zulieferfirma bezieht die Teilprojekte 1–5 anhand der Wertschöpfungsanalyse in den Gesamtprozeß ein.

3.1
Rentabilitätsberechnung – Projektbeispiel

Für die Rentabilitätsberechnung wird ein Verwaltungsgebäude ausgewählt, welches der *Zulieferfirma* zur Vermietung angeboten werden soll. Die gewählte bauliche Infrastruktur ist ein Gebäudekomplex, bestehend aus einem Verwaltungsgebäude, einer Produktionshalle und angeschlossener Lagerhalle. Der ausgewählte Gebäudekomplex liegt am Rand der Liegenschaft und bildet somit eine optimale logistische Vernetzung.

Für das dort befindliche Verwaltungsgebäude wird nun exemplarisch eine Wirtschaftlichkeitsberechnung durchgeführt.

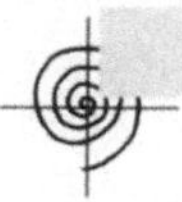

Das gewählte Gebäude ist seit 35 Jahren im Betriebsvermögen des Unternehmens (50jährige Abschreibung). Die *Immobiliengesellschaft* hat die Aufgabe, eine Wirtschaftlichkeitsberechnung durchzuführen, die eine zeitgemäße Nutzung des Gebäudes durch gezielte Renovierungmaßnahmen garantiert.

Hierbei stellt sich das Projektteam (Teilprojekt 1) folgende Frage:

Wie wirkt sich die Berechnung einerseits bei Renovierung bzw. Umbau und andererseits bei Abriß und Neubau, handels- und steuerrechtlich, auf das Unternehmen aus?

Zwei Berechnungs-
varianten sind gegenüber-
zustellen

Daten:

- ursprünglicher Anschaffungswert des Gebäudes: DM 10 Mio.

- derzeitiger Bilanzwert: DM 3 Mio.

- jährliche AfA DM 200 000,– x 35 Jahre

- Kaufpreis/Herstellungskosten Neubau/Anschaffung: DM 12 Mio.

- Renovierungsmaßnahmen/-Kosten: DM 6 Mio.

ANMERKUNG: In bezug auf die Höhe der ursprünglichen Anschaffungskosten (AK) des Gebäudes von DM 10 Mio. wird unterstellt, daß es sich bei der Immobiliengesellschaft um eine Kapitalgesellschaft[2] handelt. Damit wird steuerlich die Körperschaftssteuer (KSt) als Ertragssteuer mit konstant 45% zuzüglich 7,5% Solidaritätszuschlag (So/Z) berechnet. Es besteht somit keine Steuerprogression.

---

2   Bei einer Personengesellschaft (GdBR) mit gewerblichen Einkünften beträgt der Spitzensteuersatz zur Zeit 47%, zuzüglich 7,5% So/Z und ggf. 8–9% Kirchensteuer (KiSt). Dieser Steuertarif ist progressiv, d. h. er steigt von 25,9% auf 47% bei steigendem Einkommen.

Fall A
Das Unternehmen befindet sich in einer wirtschaftlich guten Situation

1. Renovierung/Umbau:

Echte Renovierungskosten stellen einen sofort abzugsfähigen Betriebsaufwand dar, die sog. Erhaltungsaufwendungen.

Bei bestehenden Gebäuden ist dann vom „Herstellungsaufwand" auszugehen, wenn etwas Neues, bisher nicht Vorhandenes geschaffen wird. Aufwendungen für die Renovierung/Erneuerung von bereits in den Herstellungskosten enthaltenen Teilen, Einrichtungen oder Anlagen sind dann als Herstellungskosten zu betrachten, wenn die Renovierungsmaßnahmen in erster Linie nicht dazu dienen, das Gebäude in seiner bestimmungsgemäßen Nutzung zu erhalten, sondern in dem Gebäude etwas Neues, bisher noch nicht Vorhandenes zu schaffen. Voraussetzung hierfür ist eine wesentliche Substanzänderung, eine erhebliche Nutzungsänderung oder eine über den bisherigen Zustand hinausgehende deutliche Verbesserung des Gebäudes.

FAZIT: Bei der Renovierung des Gebäudes handelt es sich um Erhaltungsaufwendungen, da das Gebäude in seiner Nutzung weiterhin ein Verwaltungsgebäude bleibt. Als sofort abzugsfähige Kosten müssen diese sofort abgeschrieben werden. Eine Verteilung dieser Kosten ist auf mehrere Jahre nicht zulässig[3].

BERECHNUNG: DM 2 Mio. x 48,38% (45% KSt+7,5% So/Z) = DM 967 600,–. Die Steuerersparnis beträgt somit: **DM 976 600,–.**

---

[3] Tritt der Fall „Herstellungsaufwand" ein, müssen die Aufwendungen steuerlich abgeschrieben werden, linear mit 4% bei Betriebsgebäuden. Die degressive AfA für Betriebsgebäude ist nur noch in einer Höhe von 5% für die ersten 8 Jahre möglich, danach 2,5% für 6 Jahre und 1,25% für 36 Jahre.

Die Erhaltungsaufwendungen von DM 2 Mio. verringern im Jahr des Entstehens den Gewinn um DM 2 Mio., so daß sich die Aufwendungen mit dem Betrag von DM 967 600,–, d.h. zu 48,38% über die Steuerersparnis finanzieren.

Hinzu werden die Abschreibungen für die bisherige Gebäudesubstanz mit DM 200 000,– (linear 2%) berechnet. Hier entsteht zusätzlich eine Steuerersparnis von DM 96 760,–. Die Gesamtsteuerersparnis beträgt somit: **DM 1 064 360,–.**

Werden die Erhaltungsaufwendungen von DM 2 Mio. fremdfinanziert, können zusätzlich Ersparnisse durch die Schuldzinsen hinzuberechnet werden.

2. Abriß/Neubau:

Die Abrißkosten zählen zu den Herstellungskosten. Der Buchwert des abzureißenden Gebäudes in Höhe von DM 3 Mio. muß in den Herstellungskosten aktiviert werden. Die gesamten Herstellungskosten von DM 15 Mio. (DM 12 Mio. und DM 3 Mio.) sind als Anlagevermögen zu aktivieren und auf die betriebsgewöhnliche Nutzungsdauer abzuschreiben.

BERECHNUNG:
a. Lineare AfA 4%:
DM 15 Mio. x 4% = DM 600 000,– (AfA) x 48,38% = DM 290 280,–. Die Steuerersparnis beträgt somit: **DM 290 280,–**

b. Degressive AfA 5%:
DM 15 Mio. x 5% = DM 750.000,– (AfA) x 48,38% = DM 362 850.–. Die Steuerersparnis beträgt somit: **DM 362 850,–**

Renovierung ist finanziell attraktiver als Neubau

ERGEBNIS: Unterstellt man, daß das Verwaltungsgebäude nach dem Umbau genauso funktionsfähig ist wie ein Neubau, so ist die Renovierung, d. h. die infrastrukturelle Reorganisation dem Neubau vorzuziehen:
- die Steuerersparnis ist höher
- die Steuerersparnis ist konzentriert auf das Jahr der anfallenden Umbaukosten

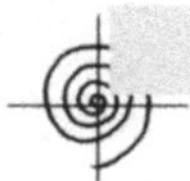

- die Kapitalaufnahme oder Kapitalbindung ist bei Umbaumaßnahmen geringer
- die eventuelle Darlehensaufnahme und somit die Schuldzinsen sind niedriger

Selbst wenn die Erhaltungsaufwendungen DM 7 Mio. und die Herstellungskosten DM 10 Mio. betragen würden, wären die Erhaltungsaufwendungen bzw. die Renovierungs- und Umbaulösung wirtschaftlich sinnvoller (vorausgesetzt beide Gebäude sind gleich funktionsfähig). Denn die Mehrkosten für einen Neubau schlagen sich bei dem Verwaltungsgebäude nicht in erhöhter Produktivität nieder.

Fall B
Das Unternehmen befindet sich in einer wirtschaftlich schlechten Situation bzw. Rezessionsphase

Steuerlich gelten die gleichen Voraussetzungen wie in Fall A (das Unternehmen befindet sich in einer wirtschaftlichen guten Situation).

Ist das Unternehmen in der Verlustzone, erhöhen sich die steuerlichen Verluste durch die „Erhaltungsaufwendungen" gegenüber einem alternativen Neubau in höherem Umfang. Infolge der höheren Verschuldung (Tilgung) und der höheren Schuldzinsen ist die wirtschaftliche Belastung bei einem Neubau wesentlich höher. Die Verluste können wahlweise 2 Jahre zurückgetragen werden. Bei Gewinnen in den Vorjahren werden diese mit den Verlusten saldiert, so daß sich eine Steuerrückerstattung ergibt. Alternativ – oder sofern die Verluste nicht völlig saldiert werden konnten – können die Verluste in die Zukunft vorgetragen werden. Die Höhe der rück- bzw. vortragsfähigen Verluste ist auf DM 10 Mio. begrenzt.

Bei wirtschaftlich schlecht gestellten Unternehmen gibt es mehrere Möglichkeiten der Verlustübertragung

Gerade bei schlechter wirtschaftlicher Situation des Unternehmens sollte die Neuverschuldung möglichst gering ausfallen, so daß man zu dem gleichen Ergebnis wie in Fall A gelangt: *Der Umbau ist wirtschaftlich sinnvoller.*

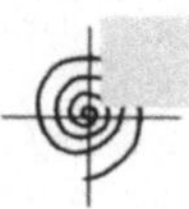

ZUSAMMENFASSUNG: Der Umbau der bestehenden Gebäudesubstanz und die Zuführung einer bedarfsorientierten Nutzung durch die Integrale Infrastrukturplanung in bezug auf organisatorische, wirtschaftliche, technologische und bauliche Maßnahmen bedeuten den betriebswirtschaftlich und steuerlich erfolgreicheren Weg.

3.2
Infrastrukturbereitstellungskosten

Die im folgenden aufgestellten Infrastrukturbereitstellungskosten definieren die Kosten für die anschließende Bereitstellung von Infrastrukturen.

Infrastrukturbereitstellungskosten sind alle Kosten, die in unmittelbaren Zusammenhang mit der Bereitstellung von Infrastrukturen für die gewöhnliche Geschäftstätigkeit eines Unternehmens stehen. Sie beziehen sich auf die gebäudetypische Grundausstattung sowie auf einen nutzerneutralen Standard bei der Bewirtschaftung (Facility Management).[4]

Die Infrastrukturbereitstellungskosten unterteilen sich in *Nettokosten* (Vorhalten des Sachanlagevermögens=Asset Management der Immobiliengesellschaft) und in *Betriebskosten* (Bewirtschaften der Immobilien in unternehmerischer Verantwortung des Verwalters=Facility Management der Immobiliengesellschaft). Ausgenommen sind nutzerspezifische Kosten (die über die gebäudespezifische Grundausstattung und Standardbewirtschaftung hinausgehen) sowie Servicekosten (aus Dienstleistungen im Rahmen des Betriebs, die nicht flächenbezogen sind, z. B. Catering, Fuhrpark).

Abschließend wird anhand eines Beispiels des Teilprojekts 4 (Informations- und Kommunikationseinrichtungen) – Phase Detailprojekt – die Umgestaltung der Datenverarbeitungssysteme exemplarisch gezeigt.

---

4 Die Infrastrukturbereitstellungskosten werden klassifiziert in Anlehnung an „The Accounting Classification of Real Estate Occupancy Costs" der National Association of Accountants (U.S.A) vom 15. Januar 1991. International eingeführt wurde diese Richtlinie durch den IDRC (Industrial Development Research Councill Inc./U.S.A)

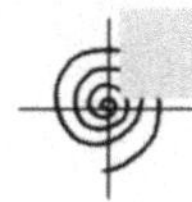

3.2.1
Gliederung der Infrastrukturbereitstellungskosten

1. Nettokosten:		**Vorhalten des Sachanlagevermögens (Infrastrukturen)**
Eigene Immobilie	1.1	Asset Management
	1.2	Grundstücksverzinsung
	1.3	Summe Kapitaldienst Infrastrukturen
	1.3.1	Kapitalkosten eigene Immobilien
	1.3.2	Aktivierte Umbau-/Instandsetzungskosten
	1.4	Summe Steuern und Versicherungen
	1.4.1	Laufende öffentliche Lasten (Steuern)
	1.4.2	Versicherungen
Mietflächen	1.5	Summe Kosten Mietobjekte
	1.5.1	Mietkosten (Kaltmiete)
	1.5.2	Kapitalkosten Umbau für Grundausstattung
Leasing	1.6	Summe Leasingobjekte
	1.6.1	Leasingkosten
	1.6.2	Kapitalkosten Umbau für Grundausstattung
2. Betriebskosten:		**Bewirtschaften der Immobilie**
Verwaltung	2.1	Facility Management (Planung, Organisation, Controlling)
Technische Bewirtschaftung	2.2	Summe Betrieb/Instandhaltung
	2.2.1	Instandhaltung von technischen Anlagen, Gebäuden und Außenanlagen
	2.2.2	Technische Betriebsführung
	2.3	Bezugskosten Energie und Wasser
Pflege, Reinigung, Entsorgung	2.4	Summe Pflege, Reinigung und Entsorgung
	2.4.1	Pflege und Betrieb der gemeinsam genutzten Flächen
	2.4.2	Reinigung
	2.4.3	Abfallwirtschaft
Sicherheit	2.5	Summe Sicherheit
	2.5.1	Sicherheit Grundstück und Gebäude
	2.5.2	Sonstige Sicherheitserfordernisse (z. B. Werkschutz)

Summe: Nettokosten + Betriebskosten = Infrastrukturbereitstellungskosten

3.2.2
Inhalt der Nettokosten

Nettokosten

1.1	Assetmangement	• Vermögensbezogene Verwaltung als Aufgabe der Immobiliengesellschaft oder seitens der Beauftragten
1.2	Grundstückverzinsung	• Verzinsung der Anschaffungswerte sowie Kaufoptionen bei Fremdgrundstücken und -immobilien
1.3.1	Kapitalkosten eigene Gebäude	• für Erwerbs-, Planungs- und Baukosten des Gebäudes einschließlich Grundausstattung (z.B. Aufzugs- und Medienversorgung) • Abschreibungen, Verzinsungen des Restbuchwertes, Kauf- oder Rückkaufoptionen Fremdgebäude
1.3.2	Aktive Umbau- und Instandsetzungskosten	• für nachträgliche Verbesserung des Vermögenswertes • Abschreibungen, Verzinsungen des Restbuchwertes
1.4.1	Laufende öffentliche Lasten	• landesübliche Besteuerung von Grundstücken und Gebäuden • Grundsteuer • Im Inland gemäß der ll. Berechnungsverordnung des Bundes (unter Betriebskosten)
1.4.2	Versicherungen	• Eigentümer Haftpflicht, Brandschutz, Wasser, Sturm, Hagel, Blitzschlag usw. • Versicherungen der gebäudetechnischen Grundausstattung (z.B. Aufzüge)
1.5.1	Mietkosten	• Mietzahlungen (Kaltmiete ohne Nebenkosten)
1.5.2	Kapitalkosten Umbau (Grundausstattung)	• ggf. erforderliche Gleichstellung mit der Grundausstattung eigener Gebäude (Abschreibungen, Zinsen, Rückbaukosten)
1.6.1	Leasingkosten	• Leasingraten ohne Nebenkosten
1.6.2	Kapitalkosten Umbau Grundausstattung	• ggf. erforderliche Gleichstellung mit der Grundausstattung eigener Gebäude (Abschreibungen, Zinsen, Rückbaukosten)

3.2.3
Inhalt der Betriebskosten

Betriebskosten

2.1 Facility Management	• Flächenbewirtschaftung (Standort- und Flächenplanung) • Bewirtschaftungsverträge • (Rahmen-) Mietverträge • kaufmännische und technische Bewirtschaftung (ohne Dienste bzw. Betreiberfunktionen) • Personal-, Raum- (nur Raummieten außerhalb des verwalteten Bestandes) und sonstige Dienststellenkosten • Honorare und Gebühren sowie Kosten für Fremdleistungen • anteilige Kostenumlagen des Unternehmens
2.2.1 Instandhalten von Gebäuden, technischen Anlage und Außenanlagen	• Instandhalten von Gebäuden und Außenanlagen (Parkplätze, Verkehrswege, Außenbeleuchtung, Grünanlagen) • Instandhaltung von technischen Anlagen (Zentralen für Heizung, Raumlufttechnik, Wasser, Abwasser, Strom sowie von Aufzügen und zugehörigen Betriebsmitteln) • Personal-, Raum- (nur Raummieten außerhalb des verwalteten Bestandes) und sonstige Dienststellenkosten • Honorare und Gebühren sowie Kosten für Fremdleistungen
2.2.2 Technische Betriebsführung	• Betrieb der technischen Anlagen und Zentralen (Grundausstattung) • zentrale Leittechnik, Störungsannahme und Kleinreparaturen • Hausinspektion (sofern nicht 2.1 Facility Management) • Energie- und Umweltmanagement • sonstige umlagefähige Kosten (z.B. Nebengebäuden) • Personalkosten, Betriebsmittel und Geräte, Fremdleistungen
2.3 Bezugskosten, Energie und Wasser	• Strom (ohne nutzerspezifische Großverbraucher) • Wasser, Abwasser • Heizung und Klimatisierung (sowie Betriebsstoffe)
2.4.1 Pflege und Betrieb gemeinsamer Flächen	• Reinigung und Winterdienst von Verkehrswegen und Parkplätzen • Betrieb von Außenbeleuchtung, Leuchtwerbeanlagen, etc. • Personalkosten, Betriebsmittel und Geräte, Fremdleistungen

Betriebskosten

2.4.2 Reinigung	• bedarfsorientierte Reinigung der Funktions- und Verkehrsflächen, Fensterreinigung (inkl. Glasfassaden) • bedarfsorientierte Grundreinigung der Nutzflächen • Personalkosten, Betriebsmittel und Geräte, Fremdleistungen
2.4.3 Abfallwirtschaft	• Abfallbeseitigung, Gebühren (Hausmüll) • Personalkosten, Betriebsmittel und Geräte, Fremdleistungen
2.5.1 Sicherheit, Grundstück und Gebäude	• Abwenden von Grundstücks- und Gebäudeschäden (sofern nicht in 2.52 Werkschutz enthalten) • Gebäude-, Brandmeldeüberwachung, Schädlingsbekämpfung • Personalkosten, Betriebsmittel und Geräte, Fremdleistungen
2.5.2 Sonstige Sicherheitserfordernisse, Werkschutz	• Pfortendienst • Werkschutz einschließlich aller zugeordneter Sicherheits- und Brandschutzeinrichtungen • Personalkosten, Betriebsmittel und Geräte, Fremdleistungen

3.3
Informationstechnische Vernetzung

In den meisten Unternehmen wird erheblicher Wert auf die Datenerfassung und Datenverarbeitung gelegt. Die Aufgabe, die Informationssysteme optimal auszurichten – ohne die Prämissen exakt zu definieren –, ist nicht ausreichend. Hier ist es notwendig, die aus der Analyse gewonnenen Erkenntnisse als Grundlage für eine Reorganisation dieser Systeme heranzuziehen.

Im folgenden werden für die Umsetzung Modelle zur Informationsverarbeitung vorgestellt.

1. ZENTRALES INFORMATIONSMODELL   Diesem Modell liegt die Grundidee zugrunde, alle Information zentral bereitzuhalten und Terminals als Arbeitsplatzausstattung zu verwenden. In vielen Interpretationen dieses Konzepts wird ein Großrechner als Pool aller geschäftskritischen Informationen gebraucht. Als wichtigstes Instrument zur Verarbeitung der Daten dient eine Datenbank, die alle Vorgänge über sog. Transaktionen verarbeitet. Dieses Modell wurde und wird besonders häufig in Banken und Versicherungen verwendet.

Da neben der Steuerung der Tätigkeiten auch der Dokumentenfluß zentrales Element zur Lenkung eines Prozesses sein kann, ist es möglich mit Hilfe von Weiterleitungsregeln für Datenbankformulare einen gesamten Prozeß zu führen. Diese Vorgänge haben in der Regel einen sehr hohen Automatisierungsgrad und können z.T. als rein technische Prozesse angesehen werden.

Merkmale
- Alle Intelligenz lagert zentral auf dem Großrechner. Terminals besitzen keine lokale Intelligenz.
- Alle Daten befinden sich zentral auf dem Großrechner.
- Die Steuerung aller Vorgänge und Dokumente erfolgt von zentraler Stelle aus.

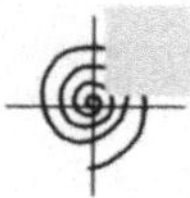

Vorteile

* zentrale Administration und Steuerung aller
  Vorgänge,
* hohe Verfügbarkeit und Verarbeitungs-
  geschwindigkeit der Daten,
* breite Palette an verfügbaren Produkten und
  Know-how.

Nachteile

* totaler Produktivitätsverlust des gesamten
  Unternehmens bei Ausfall,
* wenig Flexibilität und immens hohe Aufwände
  bei technologischen Neuerungen.

Bei modernen Implementierungen dieses Modells
kann der gesamte Schriftverkehr und Dokumentenfluß auf dem Großrechner durchgeführt werden,
indem eingehende Post „eingescannt" und als
Anhang an die zu bearbeitenden Datenbankformulare verschickt wird. Dadurch verkürzen sich die
Laufzeiten von Dokumenten. Die Bedienung des
Dokumentenflusses ist das wichtigste Instrument zur
Steuerung eines Prozesses. Auch nachträgliche Änderungen eines Prozesses können leicht durch eine
Manipulation der Weiterleitungsregeln eines Dokuments implementiert werden, da kein Bearbeiter not-
wendigerweise den gesamten Weg eines Dokuments
kennen muß.

Rascher Dokumentenfluß als wichtigstes Instrument der Prozeßsteuerung

2. VERTEILTES INFORMATIONSMODELL Bei dieser Art
der Informationsverarbeitung sind Programme zur
Verarbeitung von Geschäftsdaten lokal auf dem jeweiligen Arbeitsplatzrechner des Bearbeiters gespeichert
und werden auch dort ausgeführt, während Daten
zentral auf einem anderen Rechner gespeichert sind.
Die Rechenlast für solche Vorgänge fällt also fast ausschließlich lokal am Arbeitsplatz an. Diese Form der
Datenverarbeitung wird heutzutage zumeist in Form
eines sog. Netzwerks von PCs realisiert.

Es gibt eine Reihe von Topologien und Architektu-
ren für PC-Netzwerke, deren Einsatz von Faktoren

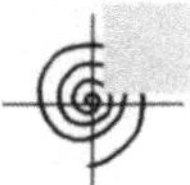

wie Infrastruktur, Anbindung an bereits bestehende Systeme, Anforderungen an Funktions- und Leistungsumfang Kosten abhängt. Es lassen sich jedoch zwei verschiedene Komponenten unterscheiden, die so oder in ähnlicher Form in fast jedem PC-Netzwerk auftauchen:

- *Server:* Ein Server ist zumeist ein besonders leistungsstarker Rechner, der für den Anwender Dienste wie Validierung des Benutzers bei Anmeldung, Aufarbeitung von Druckdaten, Bereitstellung von Dateien und immer stärker auch von Anwendungen bereitstellt. Er wird nicht dazu benutzt, einem Bearbeiter als Arbeitsplatz zu dienen.

- *Client:* Ein Client ist der Arbeitsplatzrechner eines Anwenders. Er ist in der Regel weniger leistungsfähig, da er nur lokale Funktionalitäten abdecken muß.

Daneben gibt es verschiedene Möglichkeiten, PCs und PC-Netzwerke an bestehende Großrechnersysteme anzubinden und Daten auszutauschen. Damit wird eine technologische Brücke zwischen PC und Großrechner geschlagen, die für viele Unternehmen ein wichtiges Kriterium zur Investitionssicherung ist.

Ein weiteres wichtiges Element für prozeßorientiertes Arbeiten in einem PC-Netzwerk ist entweder eine Datenbank, deren Formulare besonderen Weiterleitungsregeln unterworfen sind, ähnlich wie an einem Großrechner, eine Kommunikationssoftware, die dies leisten kann, oder sogar eine spezielle Workgroup- oder Workflow-Software.

Workgroup- und Workflow-Software unterscheiden sich durch die mangelnde Rollenabstraktion der Bearbeiter und durch fehlende Steuermechanismen seitens der Workgroup-Software. Um es auf einen einfachen Nenner zu bringen, gleicht eine Workgroup-Software mehr einem schwarzen Brett mit Listen, Formularen und individueller Post, während eine echte Workflow-Software mehr einer komplett automatisierten Infrastruktur entspricht.

Prozeßorientiertes Arbeiten mit Datenbanken, Workgroup- oder Workflow-Software

Merkmale der verteilten Informationsverarbeitung
- Daten sind zentral (auf einem Server) gelagert,
- Daten werden lokal verarbeitet,
- Server stellen globale Dienste zur Verfügung,
- Clients stellen lokale Dienste zur Verfügung.

Vorteile
- hohe Verfügbarkeit auch bei Ausfall eines Rechners, da alle anderen unbeeinflußt weiterarbeiten,
- Vielfalt an Produkten,
- individuelle Anpassung an Verhältnisse,
- flexible Reaktionen auf neue Produkte möglich.

Nachteile
- zentrale Administration wird erst durch Zusatzaufwand möglich,
- erfordert höheren Schulungsaufwand beim einzelnen Mitarbeiter,
- kurze bis sehr kurze Innovationszyklen der eingesetzten Produkte.

3. Internet und Intranet Eine weitere Möglichkeit der unternehmensweiten Datenverarbeitung ist der Einsatz von Technologien des Internet. Der Mechanismus, auf dem die Kommunikation des Internet (insbesondere des World Wide Web) aufsetzt, ist die einfache Idee, daß ein einziges einheitliches Protokoll zur Verständigung der Rechner untereinander verwendet wird. Darauf basierend kann ein einziges Werkzeug, ein sog. Browser, eingesetzt werden, der alle Information verarbeitet.

Die Anwendung dieser Technologie in einem geschlossenen Netz eines Unternehmens nennt sich Intranet. Ein Intranet kann auch direkt an das Internet gebunden werden, so daß Informationen auch an Kunden über eine international erreichbare Adresse weitergegeben werden können. Ein Intranet wird in der Regel durch eine sog. Firewall vom öffentlichen

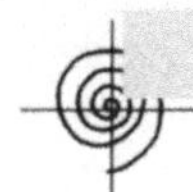

Teil des Internet getrennt. Diese Firewall besteht aus einem Rechner, der die entsprechenden Sicherheitsfunktionen zur Verfügung stellt.

Auch bei diesem Modell steht eine Steuerung von Prozessen durch Regelung des Dokumentenflusses zur Verfügung. Da der Bearbeiter nie den gesamten Lauf eines Dokuments, sondern nur einige wenige Spielregeln beim Anlegen und Ausfüllen eines Dokuments kennen muß, kann ein Prozeß durch Weiterleitungsregeln, die in diesem Falle über Verknüpfungen implementiert sind, gesteuert werden.

Der kurze Ausblick auf die Informationstechnische Vernetzung in Unternehmen zeigt die wichtige strategische Schlüsselfunktion der Datenhaltung und -führung, insbesondere bei der Betrachtung der Integralen Infrastrukturplanung.

4
Schlußbemerkung

Der Ansatz für die Themenwahl des vorliegenden Buches war zunächst das Bewußtwerden eines veränderten Berufsbildes des Architekten. Es wurde offenkundig, daß der Architekt der Zukunft nicht nur Baumeister im traditionellen Sinne bleiben kann, sondern sein Gesichtsfeld entsprechend den Erfordernissen der heutigen Zeit erweitern muß. Dies bedeutet besonders für den Planer in der Industrie, daß ein Bauprozeß erst in einem ganzheitlichen Zusammenspiel von wirtschaftlichen, sozialen und technologischen Aspekten wirksam sein kann.

Das Buch erweitert diesen Aspekt auf den wesentlichen Faktor der organisatorischen Innovation als Hauptkriterium für unternehmerische Erneuerungsbestrebungen, welche durch die rezessive Konjunkturentwicklung der letzten Jahre sowie den wachsenden Konkurrenzdruck aufgrund der Globalisierung der Märkte erforderlich wurden. Diese Erkenntnis wurde in den USA schon sehr viel früher verwertet und mittels integrativer strategischer Ansätze wie Corporate Real Estate Management umgesetzt. Dieser Ansatz konzentriert sich auf die sinnvolle Verwaltung der Vermögenswerte der Immobilien sowie ihre Wertsteigerung. Ferner wird das strategische Facility Management, das das gewinnorientierte Betreiben, Verwalten und Vermieten von Immobilien beinhaltet, praxisorientiert eingesetzt.

Zwangsläufig richtet sich das Augenmerk auf die Praxis des Facility Managements in Deutschland. Auch hier existieren reichliche Bemühungen den Begriff Facility Management inhaltlich zu füllen, die jedoch trotz einiger operativer Ansätze nach wie vor ein Vakuum hinterlassen. Sie finden hauptsächlich Umsetzung in technologisch orientierten Dienstleistungen wie das Betreiben, Verwalten und Instandhalten von Immobilien mit dem Ziel ihrer Optimierung und der Kostenreduktion, wobei oftmals die ganzheitliche Betrachtungsweise in Prozessen völlig vernachlässigt wird.

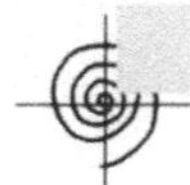

An diesem Punkt setzt das Thema an: Die Ambivalenz zwischen den genannten Ansätzen und der Erkenntnis, daß ein Unternehmen seine Immobilien wertschöpfend einsetzen kann, ist hier eine der Hauptgrundlagen. Methoden zur Optimierung von Qualität, Zeit und Kosten tragen ebenso zu einem positiven Wandel in den Unternehmen bei wie die Suche nach neuen Managementmethoden, z. B. den Abbau von Hierarchieebenen, die Konzentration auf das Kerngeschäft und die Verbesserung von Geschäftsprozessen.

Ziel war es, ein Lösungsmodell zu entwerfen, das sich praxisorientiert in die Realität umsetzen läßt. Hierbei müssen in den Unternehmen die traditionellen Bau- und Liegenschaftsabteilungen, die bislang nicht gefordert waren, eigenverantwortlich zu arbeiten, neu definiert werden in immobilienverantwortliche Bereiche, die sich fortan als gewinnorientiertes Dienstleistungsunternehmen verstehen. Diese neuen Immobiliengesellschaften nehmen nun die Funktionen des „Asset Managements, Facility Managements und Baumanagements" wahr, um in vernetzter Form organisatorische, wirtschaftliche, technologische und bauliche Maßnahmen zur Reorganisation bestehender Liegenschaften zu realisieren. Die wesentlichste Erkenntnis hierfür ist der ganzheitliche gewinn- und prozeßorientierte Einsatz der Liegenschaften, die Immobilie als wertschöpfendes Objekt, als Erfolgsfaktor. Sie repräsentiert den neuen Wirtschaftsfaktor eines Unternehmens, der die vom Markt geforderten Kundenwünsche effektiv umsetzt. Immobilienverantwortung heißt nun, eine Rendite für das Unternehmen zu erwirtschaften durch gezielte Kostensenkungsprogramme.

Eine weitere wichtige Entwicklung, welche die Unternehmen zukünftig nicht mehr ignorieren können, ist die Errungenschaft der „Structure follows Process follows Strategy". Die bisher im Unternehmen isoliert ablaufenden Prozesse werden ganzheitlich zusammengefaßt und folgen der Unternehmensstrategie. Nachdem ein Unternehmen seine Strategie festlegt hat, ist es zwingend nowendig, das Kernge-

schäft zu identifizieren. Sind diese beiden Schritte vollzogen, kann mit dem Strukturumbau entsprechend der Integralen Infrastrukturplanung begonnen werden.

Die Integrale Infrastrukturplanung bildet die Synergie aus organisatorischen, wirtschaftlichen, technologischen und baulichen Prozessen für den maximalen Zielerreichungsgrad. Sind die Potentiale an wirtschaftlichen Reorganisationsmaßnahmen erst einmal erkannt und von der Unternehmensleitung gewollt, bedarf es eines geeigneten Planers, der das Verbesserungspotential in seiner Komplexität zu erfassen vermag. Die vorliegende Thematik befaßte sich mit Integraler Infrastrukturplanung und legt daher den sich daraus resultierenden neuen Berufstypus des „Infratekten" und seiner Zielrichtung nahe. Dem Infratekten ist ein ganzheitliches Begriffsvermögen von Unternehmensstrukturen und Prozeßabläufen als Grundlage für seine Arbeit zu eigen. Er ist Planer, Regisseur, Koordinatior, Initiator und Betriebswirt, doch vor allem bringt er seine Fähigkeiten zur Unterstützung bei der Umgestaltung der Unternehmenskultur ein. Ihm kommt somit die Aufgabe zu, die organisatorischen Wandlungsprozesse baulich zu visualisieren, die Unternehmen für den Konkurrenzkampf mit den asiatischen Märkten zu rüsten und sie auf die nächste Jahrtausendwende vorzubereiten.

Der Prozeß ist das Instrument, um die Strategie zu realisieren

L Literaturverzeichnis

Adamer M, Kaindl G (1994) Erfolgsgeheimnis von Markt- und Weltmarktführern. Hampp

Architektenkammer Niedersachsen (Hrsg) (1996) Honorarordnung für Architekten und Ingenieure. Kohlhammer, Stuttgart

Austen AD, Neale RH (1994) Managing construction projects: a guide to processes and procedures. International Labour Office, Genf

Bär M (1996) Sechzehn Wege zum Erfolg. Rentrop

Becker F, Steel F (1994) Workplace by design

Belz C, Schögel M, Kramer M (1994) Lean Management und Lean Marketing. Thexis, St. Gallen

Binder S (1992) Strategic Corporate Facility Management. McGraw-Hill, New York

Bleicher K (1981) Organisation, Formen und Modelle. Gabler, Wiesbaden

Bleicher K (1991) Das Konzept Integriertes Management. Manager Konzept, St. Gallen

Bösenberg D, Metzen H (1994) Lean Management – Vorsprung durch schlanke Konzepte. Moderne Industrie, Landsberg/Lech

Braun HP, Haller P, Oesterle E (1996) Facility Management – Erfolg in der Immobilienbewirtschaftung. Springer, Berlin, Heidelberg

Bronder C (1993) Kooperationsmanagement. Campus

Bronner T (1995) Wertsteigerung durch strategische Entscheidungen. Schäffer-Poeschel, Stuttgart

Buksch H (1974) Wörterbuch der Architektur Hochbau und Baustoffe – Deutsch-Englisch (Bd. 1). Bauverlag, Wiesbaden

Buksch H (1976) Dictionary of Architecture Building Construction – Englisch-Deutsch (Bd. 2). Bauverlag, Wiesbaden

Campbell A (1992) Vision, Mission, Strategie. Campus

Cessmann H (1990) Qualitatives Baumanagement. Ernst & Sohn, Berlin

Congena FBO (1994) Kombi Büro. Callwey

Deutsch K (1996) Gewinnen mit Kernkompetenzen. Hanser, München

Duerk DP Architectural Programming

Egeln J, Erbsland M, Hügel A (1996) Der Wirtschaftsstandort „Rhein-Neckar-Dreieck". Nomos

Ehrlenspiel K (1995) Integrierte Produktentwicklung. Hanser, München

Fischer A (1992) Neue Architektur durch Umnutzung alter Gebäude und Anlagen. Karl Krämer, Stuttgart

Freilinger C, Klis N (1994) „Organisation 2000" Die Erfolgsfaktoren schlanker Unternehmen. Gabler, Wiesbaden

Frese E (Hrsg) (1992) Handwörterbuch der Organisation. Schäffer-Poeschel, Stuttgart

Fröhner KD, Wagenführer B (1995) PPS, BDE und Unternehmensstrategie. E Schmidt, Berlin

Frutig D (1995) Facility Management. Schäffer-Poeschel, Stuttgart

Fuchs J (1995) Wege zum vitalen Unternehmen – Die Renaissance der Persönlichkeit. Gabler, Wiesbaden

Gaitanides M (1994) Prozeßmanagement – Konzepte, Umsetzung und Erfahrungen des Reengineering. Hanser, München

Gablers Wirtschaftslexikon (1988). Gabler, Wiesbaden

Glasl F, Livegoed B (1993) Dynamische Unternehmensentwicklung – Wie Pionierbetriebe und Bürokratien zu Schlanken Unternehmen werden. Haupt, Bern

Gomez P (1993) Wertmanagemnet – Vernetzte Strategien für Unternehmen im Wandel. Econ, Düsseldorf

Goumain P (1989) High-technology workplaces integrating technology, management and design for productive work environments. Van Nostrand Reinhold, New York

Gray C, Bennett J (1994) The succesfull management of design – handbook of building design. The University of Reading: Centre for Strategic Studies in Construction

Groth U, Kammel A (1994) Lean Management Konzepte, kritische Analyse, praktische Lösungsansätze. Gabler, Wiesbaden

Günak C, Sommer D (1989) Design Guide – System Engineering für den Industriebau. ÖSTI, Wien

Hahn D (1984) Strategische Unternehmensplanung

Hales HL (1984) Computer-aided facilities planning. Library of Congress Catalog

Hammer M, Champy J (1994) Business Reengineering – Die Radikalkur für Unternehmen. Campus, Frankfurt/New York

Hardtmann G (1996) Die Wertsteigerungsanalyse im Managementprozeß. Gabler, Wiesbaden

Hartman G-J (1995) Computer Aided Facilities. 12

Haspeslagh, PC (1992) Akquisitionsmanagement. Campus, Frankfurt/New York

Heuer B „Who is Who in der Immobilienwirtschaft" Bressmer Marketing. In: Zapotoczky K (Hrsg) Unternehmensverkauf im deutschsprachigem Raum (Management, Bd. 5, hrsg. von MCI). Müller, Kohlhammer, Berlin

Horvath P (1990) Controlling. Franz Vahlen, München

Horvath P (1995) Controllingprozesse optimieren. Schäffer-Poeschel, Stuttgart

Hummel S, Männel W (1990) Kostenrechnung – Grundlagen, Aufbau und Anwendung. Gabler, Wiesbaden

IAT/IGM/HBS (Hrsg) (1993) Lean Production – Neues Produktionskonzept humanerer Arbeit? Düsseldorf

Kargl H (1995) Controlling im DV-Bereich. Oldenbourg, München

Kath A (1994) Profit Center-Steuerung. Schäffer-Poeschel, Stuttgart

Kotler P (1989) Marketing – Management Analyse, Planung und Kontrolle. Schäffer-Poeschel, Stuttgart

Kranz HK (1995) Building Control – Technische Gebäude-systeme, Automation und Bewirtschaftung. Expert, Renningen

Kupfer H (Hrsg) (1990) Qualitatives Baumanagement. Verlag für Architektur und technische Wissenschaften, Berlin

Little AD (Hrsg) (1985) Management im Zeitalter der Strategischen Führung. Gabler, Wiesbaden

Little AD (1996) Management im vernetzten Unternehmen. Gabler, Wiesbaden

Lukat A (1984) Entwicklungsmethoden für DV-Projekte. CW-Publikationen, München

Mali P (1981) Management Handbook

Männel W (Hrsg) (1995) Prozeßkostenrechnung – Bedeutung, Methoden, Branchenerfahrung, Softwarelösungen. Gabler, Wiesbaden

Masaaki I (1996) Kaizen – Der Schlüssel zum Erfolg der
Japaner im Wettbewerb. Ullstein

Mehrmann E (1991) Workstation und PC von A bis Z.
Handwörterbuch der Datenverarbeitung. VDI-Verlag,
Düsseldorf

Mertins K, Siebert G, Kempf S (1995) Benchmarking Praxis in
deutschen Unternehmen. Springer, Berlin, Heidelberg

Metzen (1994) Entwicklung des Reengineerings. In: Manager
Magazin, Nr. 11

Möhl (1995) Performance Contracting. Intec, Nr. 9–10

Molär A Organisationshandbuch/Führungshandbuch.
MBM, St. Gallen

Müller C (1994) Integrierte Planung von CAD Investitionen.
Hanser, München

Müller K (1990) Management für Ingenieure – Grundlagen,
Techniken, Instrumente. Springer, Berlin, Heidelberg

Münzberg H (1995) Den Kundennutzen managen. Gabler,
Wiesbaden

Naisbitt J (1995) Megatrends Asien – Acht Megatrends, die
unsere Welt verändern. Signum, Wien

Nieschlag R, Dichtel E, Hörschgen H (1991) Marketing.
Duncker & Humbolt, Berlin

Nippa M, Picot A (1996) Prozeßmanagement und
Reengineering – Die Praxis im deutschsprachigen Raum.
Campus, Frankfurt

o.A. (1995) Corporate Real Estate Management. Gablers
Magazin, Nr. 6–7

o.A. (1996) Prozeßkostenrechnung. Facility Management
Magazin, Nr. 2

Oesterle H (1995) Business Engineering. Prozeß- und
Systementwicklung, Band 1: Entwurfstechniken. Springer,
Berlin, Heidelberg

Osterloh M, Frost J (1996) Prozeßmanagement als Kern-
kompetenz – Wie Sie Business Reengineering strategisch
nutzen können. Gabler, Wiesbaden

Pena W, Parshall S, Kelly K (1987) Problem seeking an
architectural programming primer. CRSS, Houston

Perich R (1993) Unternehmensdynamik. Haupt

Pfarr K (1989) Was kosten Planungsleistungen? Springer,
Berlin, Heidelberg

Plattfaut E (1988) DV – Unterstützung strategischer
Unternehmensplanung. Springer, Berlin, Heidelberg

Porter M (1993) Nationale Wettbewerbsvorteile. Erfolgreich
    konkurrieren auf dem Weltmarkt. Ueberreuter, Wien

Quickborner Team (1989) Das funktionsgerechte
    Bürokonzept. In: Erfolgreiche Bürooptimierung. Hamburg

Rappaport A (1995) Shareholder Value – Wertsteigerung als
    Maßstab für die Unternehmensführung. Schäffer-Poeschel,
    Stuttgart

Reuter B (1994) Vernetzte administrative Inseln. Gabler,
    Wiesbaden

Rondeau EP, Brown RK, Lapides PD (1995) Facility
    Management. John Wiley & Sons, New York

Rösel W (1987) Baumanagement – Grundlagen, Technik,
    Praxis. Springer, Berlin, Heidelberg

Rösel W (1994) Baumanagement – Grundlagen, Technik,
    Praxis. Springer, Berlin, Heidelberg

Salisbury F (1996) Architect's Handbook for Client Briefing.
    Butterworth Architecture, London

Scheer AW (1994) Business Process Engineering. Springer,
    Berlin, Heidelberg

Schertler W Unternehmensorganisation – Lehrbuch der
    Organisation und strategischen Unternehmensführung

Schneider H (1996) Outsourcing von Gebäude- und
    Verwaltungsdiensten. Unternehmenspolitik –
    Projektmanagement – Vertragsarbeit. Schäffer-Poeschel,
    Stuttgart

Schüller A, Strassman J (1996) Kernkompetenzen – Was
    Unternehmen wirklich erfolgreich macht.
    Schäffer-Poeschel, Stuttgart

Senge PM (1996) Die Fünfte Disziplin – Kunst und Praxis der
    lernenden Organisation. Klett-Cotta, Stuttgart

Sommer D (Hrsg) (1995) Industriebau– Radikale
    Umstrukturierung, Praxisreport. Birkhäuser, Basel

Sommer D (1993) Ingenieure als Wegbegleiter der Baukultur.
    ÖSTI, Wien

Sommer D, Wojda F (1982) Handbuch zur menschengerech-
    ten Gestaltung von Bürogebäuden. ÖSTI, Wien

Sommer D, Wojda F (Hrsg) (1987) Industriebau –
    Anregungen zum Mitgestalten. Verlag des ÖGB, Wien

Sommer D (Hrsg) (1993) Industriebau – Die Vision der Lean
    Company. Birkhäuser, Basel

Steinberg C (1990) Projektmanagement in der Praxis. VDI-
    Verlag, Düsseldorf

Strasmann J, Schüller A (Hrsg) (1996) Kernkompetenzen –
    Was ein Unternehmen wirklich erfolgreich macht.
    Schäffer-Poeschel, Stuttgart

Symes M (1995) Architects and their practices.
    A changing profession.

Unzeitig E, Köthner D (1995) Shareholder Value Analyse,
    Entscheidung zur unternehmerischen Nachhaltigkeit –
    wie Sie die Schlagkraft ihres Unternehmens steigern.
    Schäffer-Poeschel, Stuttgart

Vikas K (1988) Controlling im Dienstleistungsbereich mit
    Grenzplankostenrechnung (Dissertation). Gabler,
    Wiesbaden

Warnecke H-J (1993) Revolution der Unternehmenskultur.
    Springer, Berlin, Heidelberg

Warnecke H-J (1995) Aufbruch zum fraktalen Unternehmen.
    Springer, Berlin, Heidelberg

Watson GH (1993) Benchmarking – Vom Besten lernen.
    Moderne Industrie, Landsberg/Lech

Weis HC, Olfert K (1990) Marketing – Kompendium der
    praktischen Betriebswirtschaft. Friedrich Kiehl,
    Ludwigshafen

Wittlage H (1989) Unternehmensorganisation Einführung
    und Grundlagen mit Fallstudien.
    Neue Wirtschafts-Briefe, Herne/Berlin

Wöhe G (1986) Einführung in die Allgemeine
    Betriebswirtschaft. Franz Vahlen, München

Zoller EC (1992) Einführung in die Großrechnerwelt. DV –
    Elemente, Datenverwaltung und Betriebssysteme.
    Oldenbourg, München

A Abbildungsverzeichnis

Springer
und
Umwelt

Als internationaler wissenschaftlicher Verlag sind wir uns unserer besonderen Verpflichtung der Umwelt gegenüber bewußt und beziehen umweltorientierte Grundsätze in Unternehmens-entscheidungen mit ein. Von unseren Geschäftspartnern (Druckereien, Papierfabriken, Verpackungsherstellern usw.) verlangen wir, daß sie sowohl beim Herstellungsprozess selbst als auch beim Einsatz der zur Verwendung kommenden Materialien ökologische Gesichtspunkte berücksichtigen. Das für dieses Buch verwendete Papier ist aus chlorfrei bzw. chlorarm hergestelltem Zellstoff gefertigt und im pH-Wert neutral.

Springer